Epigenetische Mechanismen der Zellprogrammierung und Zellreprogrammierung

Gang Pei
(Hrsg.)

Epigenetische Mechanismen der Zellprogrammierung und Zellreprogrammierung

ZHEJIANG UNIVERSITY PRESS
浙江大学出版社

Springer Vieweg

Hrsg.
Gang Pei
Tongji University
Shanghai, China

ISBN 978-3-662-69310-0 ISBN 978-3-662-69311-7 (eBook)
https://doi.org/10.1007/978-3-662-69311-7

Die Deutsche Nationalbibliothek verzeichnet diese Publikation in der Deutschen Nationalbibliografie; detaillierte bibliografische Daten sind im Internet über https://portal.dnb.de abrufbar.

Übersetzung der chinesischen Ausgabe: „细胞编程与重编程的表观遗传机制" von Gang Pei, © Zhejiang University Press 2018. Veröffentlicht durch Zhejiang University Press. Alle Rechte vorbehalten.

Dieses Buch ist eine Übersetzung des Originals in Englisch „Epigenetic Mechanisms of Cell Programming and Reprogramming" von Gang Pei, publiziert durch Springer Nature Singapore Pte Ltd. im Jahr 2023. Die Übersetzung erfolgte mit Hilfe von künstlicher Intelligenz (maschinelle Übersetzung). Eine anschließende Überarbeitung im Satzbetrieb erfolgte vor allem in inhaltlicher Hinsicht, so dass sich das Buch stilistisch anders lesen wird als eine herkömmliche Übersetzung. Springer Nature arbeitet kontinuierlich an der Weiterentwicklung von Werkzeugen für die Produktion von Büchern und an den damit verbundenen Technologien zur Unterstützung der Autoren.

Planung/Lektorat: Michael Kottusch
Springer Vieweg ist ein Imprint der eingetragenen Gesellschaft Springer-Verlag GmbH, DE und ist ein Teil von Springer Nature.
Die Anschrift der Gesellschaft ist: Heidelberger Platz 3, 14197 Berlin, Germany

Vorwort

Epigenetik, eine aufstrebende Disziplin seit den späten 1980er-Jahren, bezieht sich auf „die Untersuchung von Veränderungen in der Genfunktion, die vererbbar sind, aber keine Veränderung in der DNA-Sequenz beinhalten". Wie wird die selektive Expression desselben Genoms in verschiedenen Zelltypen innerhalb mehrzelliger Organismen bestimmt? Wie induzieren und merken sich Zellen die Genexpression in Reaktion auf Veränderungen in der inneren und äußeren Umgebung des Organismus? Die Antworten auf diese Fragen können mit der epigenetischen Forschung gefunden werden.

Die epigenetische Forschung begann mit den in Pflanzen und Tieren beobachteten epigenetischen Phänomenen, gefolgt von den Entdeckungen einer Reihe von epigenetischen Modifikationen und dann der Identifizierung mehrerer epigenetischer Regulatoren. Nach und nach konzentrierte sie sich auf die Regulation der Genexpression durch die Chromatinstruktur. Die wissenschaftliche Gemeinschaft verstand, dass epigenetische Faktoren und Transkriptionsfaktoren gemeinsam die räumliche und zeitliche Expression von Genen bestimmen. Im Jahr 2006 erreichte der japanische Wissenschaftler Shinya Yamanaka die Reprogrammierung von somatischen Zellen mit Transkriptionsfaktoren. Chinesische Wissenschaftler erkannten schnell die Bedeutung epigenetischer Mechanismen in den Prozessen der Zellprogrammierung und -reprogrammierung. Initiiert von Pei Gang, Meng Anming, Chen Runsheng, Shang Yongfeng, Cao Xiaofeng, Sun Fanglin, Xi Zhen und anderen Wissenschaftlern, unterstützten die Fachbereiche Biowissenschaften, Chemische Wissenschaften und Informationswissenschaften der National Natural Science Foundation of China (NSFC) gemeinsam das Major Research Plan Program (MRP) „Epigenetische Mechanismen der Zellprogrammierung und Zellreprogrammierung" im Jahr 2008. Es finanzierte 156 Projekte, darunter Förderprojekte, Schlüsselprojekte und integrierte Projekte, mit einer Investition von 190 Mio. RMB innerhalb von 8 Jahren. Dieses MRP hat aktiv zukunftsorientierte, originäre und systematische Forschung gefördert. Bis Ende 2016 wurden alle vorgeschlagenen wissenschaftlichen Ziele erreicht und eine Reihe von bedeutenden wissenschaftlichen Errungenschaften erzielt, die weltweit Aufmerksamkeit erregten. Zum Beispiel haben unsere Wissenschaftler zum ersten Mal in der Welt die 30-nm-Chromatinstruktur analysiert und darauf hingewiesen, dass das Tetra-Nukleosom eine wichtige strukturelle und regulatorische Einheit im Chromatin ist; das „Wippenmodell" der Zellreprogrammierung wurde vorgeschlagen und das System zur Induktion der Reprogrammierung somatischer Zellen mit kleinen chemischen Molekülen erheblich optimiert; die Technologien der haploiden embryonalen Stammzellen und „semigeklonten" Mäuse wurden erfolgreich etabliert, um „künstliche Spermatiden" zu erzeugen; die Transdifferenzierung von Fibroblasten zu hepatozytenähnlichen Zellen wurde erstmals in der Welt erreicht, was sich allmählich in Richtung der Anwendung der bioartifiziellen Leber entwickelt hat. Eine Reihe von Durchbrüchen wurden auch in der Epigenomforschung erzielt. DNA- und Histon-Methylome in frühen Säugetierembryonen wurden erstmals etabliert, und die Mechanismen zur Regulierung der Aktivitäten vieler wichtiger epigenetischer Modifizierungsenzyme, wie DNA-Methylasen und -Demethylasen, wurden analysiert. Dieses MRP hat zahlreiche erstklassige Wissenschaftler ausgebildet, das Niveau der Forschung zu Epigenetik und Zellschicksalsbestimmung in China verbessert und den Quantensprung von einer „nachrangigen" zur „weltweit führenden Position" erreicht.

Der erfolgreiche Abschluss dieses MRP hat neue Richtungen für weitere Untersuchungen der Rolle der epigenetischen Regulation bei der Zellschicksalsbestimmung eröffnet. Die aktuelle Forschung konzentriert sich immer noch auf die Entdeckung und funktionale Überprüfung von epigenetischen Schlüsselfaktoren; jedoch bleibt das Verständnis für die dynamischen Veränderungen des Chromatins bei der Zellreprogrammierung, für Veränderungen in Zellepigenomen und deren Regulation auf Transkriptome sowie für Mechanismen zur Bestimmung von Zellschicksalsübergängen unklar. Unsere Wissenschaftler sollten weiterhin die interdisziplinären Vorteile voll ausschöpfen, die Forschung zu epigenetischen Transkriptomen, Einzelzelltranskriptomen und Epigenomen, Epigenom-Editing, vierdimensionalem Genom und zu den Mechanismen für die intergenerationale Vererbung von Epigenetik vertiefen, die in Form von Chromatin gespeicherten genetischen Codes knacken und die Rolle der Epigenetik bei der Zellschicksalsbestimmung umfassend analysieren, um so unablässige Anstrengungen für die allgemeine Verbesserung und nachhaltige Entwicklung der Innovationsfähigkeit der chinesischen Epigenetikforschung zu unternehmen.

Gang Pei
Akademiker der Chinesischen Akademie der Wissenschaften
Shanghai, China

Inhaltsverzeichnis

Autorenverzeichnis

Yongfeng Shang Hangzhou Normal University, Hangzhou, Zhejiang, China

Fanglin Sun Tongji University, Shanghai, China

Zuoyan Zhu Institut für Hydrobiologie, Chinesische Akademie der Wissenschaften, Wuhan, Hubei, China

Runsheng Chen Institut für Biophysik, Chinesische Akademie der Wissenschaften, Beijing, China

Xiaofeng Cao Institut für Genetik und Entwicklungsbiologie, Chinesische Akademie der Wissenschaften, Beijing, China

Zhen Xi Nankai University, Tianjin, China

Kapitel 1
Projektübersicht

Gang Pei, Yongfeng Shang, Fanglin Sun, Zuoyan Zhu, Runsheng Chen, Xiaofeng Cao und Zhen Xi

1.1 Einleitung

Der Großforschungsplan (Major Research Plan, MRP) „Epigenetische Mechanismen der Zellprogrammierung und Zellreprogrammierung" (im Folgenden „dieser MRP" genannt) wurde von der National Natural Science Foundation of China (NSFC) während des 11. Fünfjahresplans gestartet, der im Oktober 2008 begann und Ende 2016 abgeschlossen wurde. Er hat 156 Projekte mit einer Gesamtinvestition von 190 Mio. RMB finanziert, darunter 68 Förderprojekte, 23 Schlüsselprojekte und 59 integrierte Projekte, die die von den NSFC-Fachbereichen Biowissenschaften, Chemische Wissenschaften und Informationswissenschaften unterstützten Felder abdecken.

G. Pei (✉) · F. Sun
Tongji Universität, Shanghai, China
E-Mail: ru.zhang@tongji.edu.cn

Y. Shang
Hangzhou Normal University, Hangzhou, Zhejiang, China

Z. Zhu
Institut für Hydrobiologie, Chinesische Akademie der Wissenschaften, Wuhan, China

R. Chen
Institut für Biophysik, Chinesische Akademie der Wissenschaften, Peking, China

X. Cao
Institut für Genetik und Entwicklungsbiologie, Chinesische Akademie der Wissenschaften, Peking, China

Z. Xi
Nankai Universität, Tianjin, China

G. Pei (Hrsg.), *Epigenetische Mechanismen der Zellprogrammierung und Zellreprogrammierung*, https://doi.org/10.1007/978-3-662-69311-7_1

Epigenetik, eine aufstrebende Disziplin seit den späten 1980er-Jahren, untersucht die molekularen Mechanismen von Veränderungen in Zellphänotypen, die durch erbliche Gene ohne jegliche Veränderungen der DNA-Sequenz ausgedrückt werden. Der epigenetische Regulationsmechanismus ist eine gängige Methode zur Regulierung der Genexpression in Lebensphänomenen und einer der wichtigsten Mechanismen zur Regulierung von Wachstum, Entwicklung, Alterung und Krankheit. Insbesondere spielt die epigenetische Regulation eine entscheidende Rolle bei der Erhaltung, Selbsterneuerung und Differenzierung von Stammzellen, bei der individuellen Alterung und Dysplasie sowie bei der Entwicklung von komplexen Zuständen wie Krebs, Diabetes, psychischen Erkrankungen und Erkrankungen des Nervensystems. Die geordneten Reaktionen des individuellen Lebens auf Umweltfaktoren (einschließlich denen von Ernährung, Physik, Chemie und Psychologie) hängen weitgehend von der effektiven Funktion der epigenetischen Regulationsnetzwerke ab. Diese spielen auch eine wichtige Rolle in der Pflanzenentwicklung, Resistenz und der Bildung von Heterosis.

1.1.1 Anordnung und umfassende Integration dieses MRP

Seit seiner Organisation und Umsetzung folgt dieses MRP stets dem allgemeinen NSFC-Prinzip „begrenzte Ziele, um stabile Unterstützung zu ermöglichen, und integrierte Themen, um eine sprunghafte Entwicklung zu realisieren“. Mit Schwerpunkt auf den wissenschaftlichen Schlüsselfragen der gesamten wissenschaftlichen Ziele hat es 68 Förderprojekte, 23 Schlüsselprojekte und 59 integrierte Projekte finanziert.

Epigenetik kam allmählich in den späten 1980er-Jahren auf. Nach 2000 wurde die Forschung in diesem Bereich weitgehend geschätzt und zu einem Hotspot in den Biowissenschaften. Studien zur Zellprogrammierung und -reprogrammierung decken die grundlegenden wissenschaftlichen Fragen der Epigenetik ab. Im Jahr 2006 berichteten Wissenschaftle[1]r aus den USA und Japan über die Etablierung von induzierten pluripotenten Stammzellen, was eine neue Entwicklungsphase der Forschung zur Reprogrammierung von somatischen Zellen symbolisiert. Vor dem Start dieses MRP wurden weltweit große Fortschritte in der epigenetischen Forschung erzielt, aber das Verständnis der Wissenschaftler von epigenetischen Mechanismen war lediglich die Spitze des Eisbergs. Viele Schlüsselprobleme blieben ungelöst. Zum Beispiel: Wie wirken DNA-Methyltransferasen (DNMT) selektiv

[1]Anmerkung zur Übersetzung: Bei der Übersetzung von im Englischen nicht nach Geschlecht differenzierten Personenbezeichnungen wie z. B. „scientist“ wurde im Deutschen meistens die männliche Form, hier „Wissenschaftler“, verwendet, um den Text kürzer und besser lesbar zu machen. Selbstverständlich sind damit Personen jeden Geschlechts gemeint.

auf Zielgene? Wie können wir DNA-Demethylasen klonieren und identifizieren? Wie können wir die Zusammensetzung und Erkennung des „Histon-Codes" entschlüsseln? Wie interagieren die höheren Strukturen von Chromatin mit epigenetischen Informationen? Wie beteiligt sich nichtkodierende RNA an der epigenetischen Regulation? Was sind die molekularen Mechanismen der epigenetischen Plastizität und Zellreprogrammierung? Was sind die Beziehungen zwischen epigenetischer Regulation und Umwelt, Krankheit, Alterung usw.? Was sind die Merkmale der Zusammensetzung, Herkunft und Evolution von epigenetischen Regulationsnetzwerken?

Zu Beginn dieses MRP war die epigenetische Forschung ein aufstrebendes Feld, in dem es wenige Unterschiede zwischen chinesischen Wissenschaftlern und ihren internationalen Kollegen in Bezug auf das Forschungsniveau gab und die Chancen die Herausforderungen überwogen. Die beratende Expertengruppe (Advisory Expert Group) verbesserte das Top-down-Design und nutzte die Vorteile der jungen Wissenschaftler, die in der epigenetischen Forschung tätig sind, um sich auf die internationale Spitze zu konzentrieren und innovative Forschung durchzuführen.

1 Projektübersicht 3

Im Zentrum der wissenschaftlichen Ziele und der Schlüsselwissenschaftlichen Fragen hat dieses MRP zunächst 5 Forschungsrichtungen etabliert:

1. Molekulare Mechanismen der Einrichtung und Aufrechterhaltung von epigenetischen Informationen.
2. Epigenetische Mechanismen der gerichteten Differenzierung von Stammzellen.
3. Epigenetische Mechanismen der Reprogrammierung somatischer Zellen.
4. Epigenetische Mechanismen der Gewebe- und Organentwicklung und -regeneration.
5. Ursprünge und Evolution von epigenetischen Netzwerken.

Vier Jahre nach dem Start dieses MRP hat die beratende Expertengruppe, basierend auf einer umfassenden Untersuchung des Fortschritts der geförderten Projekte, die Forschungsrichtungen auf 3 integrierte Themen verdichtet, um die Strategie „Fokussierung auf Ziele, um Schlüsseldurchbrüche zu erzielen" dieses MRP weiter zu erfüllen:

1. Molekulare Mechanismen und biologische Bedeutung von DNA-Methylierung und -Demethylierung.
2. Epigenetische Mechanismen der Zellreprogrammierung.
3. Höhergeordnete Strukturen und dynamische Veränderungen von nukleärem Chromatin und nichtkodierenden RNA während der Zellreprogrammierung.

Als Ergebnis der gemeinsamen Bemühungen der beratenden Expertengruppe, der Projektprüfungsgruppe und der Projektwissenschaftler hat dieses MRP die geplanten wissenschaftlichen Ziele vollständig erreicht und zahlreiche Durchbrüche mit großer internationaler Auswirkung in den drei integrierten Themen erzielt, was die allgemeine Verbesserung und sprunghafte Entwicklung der epigenetischen Forschung in China gefördert hat.

1.1.2 Interdisziplinäre Zusammenarbeit

Während der Durchführung dieses MRP hat die beratende Expertengruppe sowohl die aktuelle Situation der epigenetischen Forschung in China als auch die internationalen Grenzgebiete und Entwicklungstrends in diesem Bereich berücksichtigt. Sie hat die multidisziplinäre Konvergenz zwischen Zellbiologie, Biochemie, Entwicklungsbiologie, Strukturbiologie, Bioinformatik und klinischer Medizin kräftig gefördert und durch verschiedene Formen der Projektunterstützung die neuesten Ideen und Technologien der verwandten Disziplinen auf die epigenetische Forschung angewendet. Sie hat somit herausragende Beiträge zur umfassenden sprunghaften Entwicklung der epigenetischen Forschung in China geleistet.

Insbesondere sollten die folgenden Maßnahmen beachtet werden:

1. Die Zusammenarbeit von Disziplinen wie Zellbiologie, Biochemie, Genetik, Entwicklungsbiologie, Genesiologie und Evolution wurde gefördert, um China in die weltweit führenden Ränge in der Reprogrammierung somatischer Zellen, im Kerntransfer und in der Semiklon-Technologie zu katapultieren. Insbesondere die Anzahl der in hochrangigen Zeitschriften veröffentlichten Arbeiten zur Forschung über haploide Stammzellen hat die Summe der von den anderen Ländern der Welt dazu veröffentlichten Arbeiten überschritten, was darauf hindeutet, dass China in diesem Bereich eine führende Position einnimmt.
2. Die Konvergenz zwischen Epigenetik und Physik wurde aktiv gefördert. Mit der Einführung der Forschungsmethoden der Strukturbiologie wurde die Analyse der räumlichen Strukturen von DNA, RNA, Histon-Modifikatoren und höhergeordneten Strukturen von Chromatin verstärkt. Sie hat effektiv die Entdeckung und Identifizierung von Schlüsselmolekülen und die Aufklärung ihrer Mechanismen gefördert, was China zu einem führenden Land in diesem Bereich macht.
3. Die Konvergenz mit Mathematik und Informationswissenschaft wurde betont. Die Methoden der computergestützten Biologie wurden für die massive Datenanalyse in der epigenetischen Forschung eingeführt, was effektiv die Entdeckung von wichtigen Knotenpunkten in den Interaktionen der epigenetischen Signalnetzwerke und die Aufklärung der systembiologischen Mechanismen gefördert hat.

Seit seiner Implementierung ist dieses MRP dem allgemeinen NSFC-Prinzip von „begrenzten Zielen zur Gewährleistung stabiler Unterstützung und integrierten Themen zur Realisierung sprunghafter Entwicklung“ gefolgt. Mit Schwerpunkt in den wissenschaftlichen Grenzbereichen der verwandten epigenetischen Gebiete, wie Reprogrammierung somatischer Zellen, Ontogenese, Zelldifferenzierung und Krankheiten, haben die beratende Expertengruppe und die Managementgruppe das Top-down-Design verbessert, wissenschaftliche Ziele verfeinert und innovative Forschung durchgeführt, was einen großen Beitrag zur umfassenden Verbesserung der ursprünglichen Innovation in der Grundlagenforschung der Epigenetik in China geleistet hat.

1.2 Forschungsübersicht

1.2.1 Allgemeine wissenschaftliche Zielsetzungen

Die wissenschaftlichen Ziele dieses MRP waren es, unter Anwendung von interdisziplinären Forschungsmethoden die Regeln und Eigenschaften für die Bildung, Erhaltung und die Funktionen der epigenetischen Informationen während der Zellprogrammierung und -reprogrammierung zu verstehen, die Mechanismen der epigenetischen Regulation in Zellwachstum, Entwicklung und Umweltanpassung zu erläutern und die Mechanismen der Zusammensetzung, Evolution und Funktion von epigenetischen Netzwerken aufzudecken.

1.2.2 Wissenschaftliche Schlüsselfragen

Dieses MRP zielte darauf ab, die folgenden zentralen wissenschaftlichen Themen zu erforschen:

1. Molekulare Mechanismen der Einrichtung und Aufrechterhaltung von epigenetischen Informationen.
2. Epigenetische Mechanismen der gerichteten Differenzierung von Stammzellen.
3. Epigenetische Mechanismen der Reprogrammierung somatischer Zellen.
4. Epigenetische Mechanismen der Gewebe- und Organentwicklung und -regeneration.
5. Ursprünge und Evolution von epigenetischen Netzwerken.

1.3 Erheblicher Fortschritt

Während seiner Umsetzung hat dieses MRP Durchbrüche mit großen internationalen Einflüssen in den wissenschaftlichen Kernthemen erzielt und die sprunghafte Entwicklung der epigenetischen Forschung Chinas von einer „nachrangingen“ zur „weltweit führenden Position“ realisiert. Die repräsentativen Leistungen sind wie folgt:

1. Neue epigenetische Regulatoren und Chromatin-Remodeling-Faktoren wurden entdeckt, und ihre biologischen Funktionen und Mechanismen wurden aufgedeckt.
2. Die Technologien der haploiden embryonalen Stammzellen und semigeklonten Mäuse wurden erfolgreich etabliert und „künstliche Spermatiden“ wurden durch die Manipulation von geprägten Genen hergestellt. Neue Regulationsmechanismen und Methoden der Reprogrammierung somatischer Zellen wurden

gefunden und das „Wippenmodell“ der Zellreprogrammierung wurde vorgeschlagen.

3. Mehrere Regulationsmechanismen der Zelldifferenzierung und -transdifferenzierung wurden aufgedeckt. Insbesondere wurden die Schlüsselfaktoren zur Förderung der Transdifferenzierung von somatischen Zellen zu Hepatozyten entdeckt, was eine solide Grundlage für die klinische Anwendung der bioartifiziellen Leber geschaffen hat. Mehrere krankheitsbezogene epigenetische Modifikationen wurden gefunden.
4. Erstmals in der Welt wurde die epigenetische Karte mit Hochdurchsatzdatenerfassung erstellt, um die Eigenschaften von epigenetischen Modifikationen während der frühen embryonalen Entwicklung verschiedener Spezies und die Regeln der genetischen Evolution aufzudecken, was unser Verständnis der Ursprünge und Evolution von epigenetischen Netzwerken bereichert hat.
5. Die 30-nm-Chromatinstruktur wurde erstmals in der Welt analysiert, und es wurde angezeigt, dass das Tetra-Nukleosom eine wichtige Einheit von Struktur und Regulation im Chromatin ist.
6. Der Polkörpergenomtransfer wurde erstmals eingesetzt, um die Übertragung von vererbten mitochondrialen Krankheiten zu verhindern.

Nach Abschluss dieses MRP werden die Entwicklungstrends in den Bereichen in Tab. 1.1 verglichen.

Tab. 1.1 Vergleich der Entwicklungstrends vor und nach Abschluss dieses MRP

Wissenschaftliche Kernthemen	Status der chinesischen Forschung zu Beginn dieses MRP	Status der internationalen Forschung am Ende dieses MRP	Stärken und Lücken der chinesischen Forschung am Ende dieses MRP
Molekulare Mechanismen der Einrichtung und Aufrechterhaltung von epigenetischen Informationen	Trotz des Rückstands Chinas im Vergleich mit dem internationalen Spitzenniveau kehrte eine Gruppe junger Wissenschaftler nach China zurück und bereitete sich vor	International hat sich in diesem Bereich eine rasche Entwicklung vollzogen, aber China hat in einigen Bereichen die Führung übernommen	Die Erforschung der Mechanismen der DNA-Methylierung und -Demethylierung, die Entdeckung neuer DNA-Methylierungsmodifikationen und ihrer Mechanismen sowie die Erforschung von Strukturen höherer Ordnung des Chromatins sind international führend. Die Forschung auf anderen Gebieten entspricht dem internationalen Forschungsniveau
Epigenetische Mechanismen der Reprogrammierung somatischer Zellen	International hatten Europa und Amerika die absolut führenden Positionen in der Forschung zu den Mechanismen der Reprogrammierung somatischer Zellen inne, während China gerade erst begonnen hatte	Der internationale Forschungsstand zu den Mechanismen der Reprogrammierung somatischer Zellen ist ähnlich hoch wie in China, liegt aber bei der Erforschung der haploiden Stammzellen zurück	China steht bei der Erforschung der haploiden Stammzellen an der Spitze. Bei der Erforschung der Mechanismen der Reprogrammierung somatischer Zellen liegt China auf internationalem Niveau, aber die Anzahl seiner Forschungsteams in diesem Bereich ist immer noch klein
Epigenetische Mechanismen der Zelldifferenzierung und Zelltransdifferenzierung, Gewebe- und Organentwicklung und -regeneration	Es gab große Lücken zwischen China und der internationalen Spitze bei der Zelldifferenzierung und Zelltransdifferenzierung sowie der Organentwicklung und Organregeneration	International gibt es viele Studien zur Transdifferenzierung anderer Zelltypen, wie Nervenzellen, Myokardzellen und Blutzellen	China ist führend in der Forschung zur Transdifferenzierung von Hepatozyten und ein durchschnittlicher Akteur in anderen Bereichen wie der Transdifferenzierung von Nervenzellen
Ursprünge und Evolution von epigenetischen Netzwerken	Die Forschungsgrundlage in diesem Bereich war in China relativ schwach	Die internationalen Forschungsvorteile gegenüber China werden allmählich kleiner	China hat sich an die Spitze der Forschung zur Reprogrammierung der epigenetischen Modifikationen während der frühen Embryonalentwicklung gesetzt und den Rest der Welt hinter sich gelassen

Kapitel 2
Forschung in China und internationale Forschung

Gang Pei, Yongfeng Shang, Fanglin Sun, Zuoyan Zhu, Runsheng Chen, Xiaofeng Cao und Zhen Xi

Die klassische Definition von Epigenetik ist „die Untersuchung von Veränderungen in der Genfunktion, die vererbbar sind, aber keine Veränderung in der DNA-Sequenz beinhalten“. Das epigenetische Phänomen wurde erstmals in *Drosophila melanogaster* in den 1930er-Jahren beobachtet. Seit den 1970er-Jahren wurde eine Reihe von epigenetischen Markern gefunden. Anschließend wurde eine große Anzahl von epigenetischen Regulatoren identifiziert, was zu einem allmählichen Verständnis ihrer biologischen Bedeutung führte. Mit einer Analyse der biologischen Mechanismen mehrerer klassischer epigenetischer Phänomene verlagerte sich der Fokus der epigenetischen Forschung auf die Regulation der Genexpression durch die Chromatinstruktur. Zu Beginn des 21. Jahrhunderts lernten Wissenschaftler, dass der epigenetische Regulationsmechanismus – eine gängige Methode zur Regulation der Genexpression in Lebensphänomenen – einer der wichtigen Mechanismen zur Regulierung von Wachstum, Entwicklung, Alterung

G. Pei (✉) · F. Sun
Tongji Universität, Shanghai, China
E-Mail: ru.zhang@tongji.edu.cn

Y. Shang
Hangzhou Normal University, Hangzhou, Zhejiang, China

Z. Zhu
Institut für Hydrobiologie, Chinesische Akademie der Wissenschaften, Wuhan, China

R. Chen
Institut für Biophysik, Chinesische Akademie der Wissenschaften, Peking, China

X. Cao
Institut für Genetik und Entwicklungsbiologie, Chinesische Akademie der Wissenschaften, Peking, China

Z. Xi
Nankai Universität, Tianjin, China

G. Pei (Hrsg.), *Epigenetische Mechanismen der Zellprogrammierung und Zellreprogrammierung*, https://doi.org/10.1007/978-3-662-69311-7_2

und Krankheit ist. Insbesondere spielt die epigenetische Regulierung eine entscheidende Rolle bei der Erhaltung, Selbsterneuerung und Differenzierung von Stammzellen, der individuellen Alterung und Dysplasie sowie der Entwicklung komplexer Zustände wie Krebs, Diabetes, psychische Erkrankungen und Erkrankungen des Nervensystems. Die geordneten Reaktionen des individuellen Lebens auf Umweltfaktoren (einschließlich Ernährung, Physik, Chemie und Psychologie) hängen weitgehend von der effektiven Funktion epigenetischer Regulationsnetzwerke ab. Eine wachsende Anzahl epigenetischer Regulatoren ist zum neuen Ziel für die medikamentöse Behandlung von Krebs, neurodegenerativen Erkrankungen und anderen schweren Krankheiten geworden. Epigenetische Regulation spielt auch eine wichtige Rolle bei der Entwicklung von Pflanzen, Resistenz und bei der Bildung von Heterosis. Die wichtigsten epigenetischen Regulationsmechanismen umfassen DNA-Methylierungsmodifikationen, Histon-Modifikationen, Histon-Varianten, nichtkodierende RNA, Nukleosomenpositionierung und Chromatinstrukturen höherer Ordnung.

Die Forschung zur Zellprogrammierung und Zellreprogrammierung umfasst die grundlegenden wissenschaftlichen Fragen der Epigenetik und untersucht klassische Veränderungen in erblichen Zelleigenschaften ohne Veränderungen in der DNA-Sequenz. Im Jahr 2006 berichtete der japanische Wissenschaftler Shinya Yamanaka erstmals über die Reprogrammierung somatischer Zellen mit Transkriptionsfaktoren. Diese Leistung beförderte die Forschung zur somatischen Reprogrammierung in eine neue Entwicklungsphase, mit Schwerpunkt in drei Hauptbereichen: (i) Suche nach neuen Faktoren und Technologien zur Verbesserung der Reprogrammierungseffizienz und Biosicherheit; (ii) Erforschung der Regulationsmechanismen von Programmierung und Reprogrammierung; (iii) Entwicklung neuer Behandlungen für spezifische Krankheiten mit Zellprogrammierungs- und Zellreprogrammierungstechnologien. Um die Mechanismen der Programmierung und Reprogrammierung zu untersuchen und sie in der klinischen und regenerativen Medizin anzuwenden, um sowohl wirtschaftliche als auch soziale Vorteile zu erzielen, sollten wir die epigenetischen Regulationsmechanismen eingehend erforschen. Vor dem Start dieses MRP wurden weltweit große Fortschritte in der epigenetischen Forschung erzielt, aber das Verständnis der Wissenschaftler von epigenetischen Mechanismen war lediglich die Spitze des Eisbergs. Viele Schlüsselprobleme blieben ungelöst, einschließlich der Selektivität von DNA-Methyltransferasen (DNMT), die auf Zielgene wirken, des Klonierens und Identifizierens von DNA-Demethylasen, der Zusammensetzung und der Erkennungsmechanismen verschiedener Histon-Modifikationen, der Interaktion von Chromatinstrukturen höherer Ordnung mit epigenetischen Informationen, der Beteiligung von nichtkodierenden RNA in der epigenetischen Regulation, molekularer Mechanismen der epigenetischen Plastizität und Zellreprogrammierung, der Beziehungen zwischen epigenetischer Regulation und Umwelt, Krankheit, Altern und der Merkmale der Zusammensetzung, Herkunft und Evolution von epigenetischen Regulationsnetzwerken.

Seitdem epigenetische Phänomene zu Beginn des 20. Jahrhunderts entdeckt wurden, hat die epigenetische Forschung fast alle Aspekte des Wachstums und der

Entwicklung von Organismen, der individuellen Gesundheit und der Umweltreaktion abgedeckt. Mit der Zeit verbessern sich die Forschungsmethoden und das Verständnis ständig, und der Forschungsschwerpunkt der Epigenetik ändert sich ebenfalls allmählich. Von der Entdeckung klassischer epigenetischer Phänomene über die Identifizierung zahlreicher epigenetischer Modifikatoren und Regulatoren bis zur umfassenden Epigenomik bleibt die Forschung zu epigenetischen Regulationsmechanismen ein heißes Gebiet der Biowissenschaften und auch eines der aktivsten und bahnbrechendsten Felder.

2.1 Einführung von epigenetischen Forschungsplänen

Im April 2003 wurde das Humangenomprojekt für abgeschlossen erklärt. Das National Human Genome Research Institute (NHGRI) der USA startete im September desselben Jahres das Encyclopedia-of-DNA-Elements-(ENCODE-)Projekt, das darauf abzielte, alle funktionalen Elemente, die im menschlichen Genom kodiert sind, zu analysieren und zu identifizieren. Das Projekt befindet sich nun in der vierten Phase. Seine erste Phase (Pilotphase) und die zweite Phase (Technologieentwicklung) wurden gleichzeitig durchgeführt (2003–2007). Es gab 8 Forschungsteams, die an der Pilotphase teilnahmen, 12 Teams in der Phase der Technologieentwicklung und einige Teams, die an dem Vergleich, der Berechnung und der Analyse von Sequenzierungsdaten beteiligt waren. Die Gesamtinvestition der beiden Phasen betrug etwa 55 Mio. US$. Im Jahr 2007 veröffentlichte ENCODE 29 Artikel in *Nature* und *Genome Research,* um ihre Errungenschaften in den Phasen zu berichten. In der dritten Phase, der Produktionsphase (2007–2017), skalierte und globalisierte das Projekt die Forschung und gründete das Datenintegrationszentrum und das Datenanalysezentrum mit einer Investition von etwa 130 Mio. US$. Im September 2012 wurden die Ergebnisse dieser Phase in 30 Artikeln in *Nature, Genome Biology* und *Genome Research* berichtet. Ab Februar 2017 finanzierte die Phase 4 das erste Bündel von 19 Forschungsprogrammen und 2 Datenzentren mit einer Gesamtinvestition von 33 Mio. US$.

Die National Institutes of Health (NIH) der USA starteten 2007 das Roadmap Epigenomics Project. Es hatte zwei Ziele: (i) die Entwicklung umfassender Referenzepigenomkarten, d. h. die Struktur und Organisation des Epigenoms; (ii) die Entwicklung neuer Technologien für umfassende epigenomische Analysen, d. h. das tiefe Verständnis der Funktionen und Bedeutung des Epigenoms und die Entdeckung neuer Epigenomkomponenten. Es wurden 5 Initiativen des Projekts umgesetzt: (i) 10 Mio. US$ pro Jahr für den Aufbau des Reference Epigenome Mapping Center; (ii) 1,5 Mio. US$ pro Jahr für jeden Stipendiaten für Entwicklung und Betrieb des Epigenomics Data Analysis and Coordination Center, das das Reference Epigenome Mapping Center unterstützen und für die Bereitstellung standardisierter Daten an das National Center for Biotechnology (NCBI) verantwortlich sein würde; (iii) Finanzierung der Entwicklung neuer Technologien, die die epigenetischen Forschungsansätze revolutionieren würden; (iv) Finanzierung der

Entdeckung neuer epigenetischer Markierungen in Säugetierzellen; (v) Unterstützung der Forschung zu epigenomischen Veränderungen der menschlichen Gesundheit und Krankheit. Basierend auf dem Roadmap Epigenomics Project investierten die NIH auch 190 Mio. US$ in Forschung im Rahmen des International Human Epigenome Consortium (IHEC), das 2010 in Paris, Frankreich, gegründet wurde.

Im Jahr 2015 kündigten die NIH den Start des 4D Nucleome Program an mit dem Ziel, die Genomkonformation und nukleare Organisation auf interdisziplinäre Weise zu studieren und verbesserte Forschungsansätze mit neuen Spitzentechnologien zu entwickeln. Das Programm plante, die folgenden 6 Aspekte zu unterstützen: (i) Gründung des Nuclear Organization and Function Interdisciplinary Consortium (NOFIC); (ii) Entwicklung neuer Technologien zur Untersuchung von Chromatinstrukturen höherer Ordnung und ihrer Interaktionen; (iii) Finanzierung von Studien zu subzellulären Strukturen; (iv) Entwicklung von Hochdurchsatz-, Hochauflösungs- und Hochinhaltsmikroskopie-Bildgebungstechnologien; (v) Gründung des 4D Nucleome Network Organizational Hub zur Förderung der Zusammenarbeit und des Ressourcenaustausches; (vi) Gründung des Data Coordination and Integration Center. Es finanzierte das erste Bündel von 29 5-jährigen Forschungsprojekten mit einer Gesamtinvestition von 25 Mio. US$.

Zusammenfassend lässt sich sagen, dass sich die internationalen epigenetischen Forschungsprogramme, repräsentiert durch die der USA, auf die Forschung von Big Data Omics mit mehr beschreibenden Ergebnissen und auf die Entwicklung neuer Technologien konzentrieren.

2.2 Status quo der epigenetischen Forschung

Die frühe epigenetische Forschung konzentrierte sich auf die Entdeckung klassischer epigenetischer Phänomene, die Identifizierung der Beziehung zwischen Chromatinmodifikationen und Genexpressionsregulation, die Identifizierung und Purifizierung von epigenetischen Regulatoren und auf Studien der physiologischen Funktionen von epigenetischen Regulatoren mit traditionellen Methoden der Genetik und Biochemie. In den 1960er-Jahren gab es recht zukunftsweisende Vorhersagen der Funktionen verschiedener Chromatinmodifikationen. Dank der Entwicklung von Technologien in der Genetik und Molekularbiologie seit den 1990er-Jahren wurden die Methoden zur Untersuchung der Chromatinbiologie immer reifer und vielfältiger. Gleichzeitig wurde die Rolle von epigenetischen Regulatoren, die die Genexpression direkt regulieren, endgültig in eukaryotischen Zellen bestätigt. Im Jahr 1996 klonten und identifizierten C. David Allis von der Rockefeller University und Stuart Schreiber von der Harvard University in den USA jeweils eine Histon-Acetyltransferase und eine Histon-Deacetylase, und ihre Ergebnisse wurden im selben Jahr in *Cell* und *Science* veröffentlicht. Der Fortschritt führte dazu, dass sich die Menschen auf die epigenetischen Modifikatoren und Regulatoren verschiedener Arten konzentrierten. Im Zeitraum von den 1990er-Jahren bis zum frühen 21. Jahrhundert entwickelte sich die Forschung zu epigenetischen

Modifikatoren und Regulatoren explosionsartig. Während des Studiums ihrer Mechanismen wurden die epigenetischen Theorien und Methoden kontinuierlich verbessert. Kürzlich hat die Epigenetik, die an der Spitze der Biowissenschaften steht, mit den Fortschritten in der Genomik und in den Hochdurchsatz-Sequenzierungstechnologien eine neue Entwicklungsphase erreicht.

Dieses MRP begann 2008, als die epigenetische Forschung international in vollem Gange war, insbesondere die Identifizierung neuer epigenetischer Modifikatoren und Regulatoren. Da die technischen Mittel zunehmend ausgereift waren, war der internationale Wettbewerb in diesem Bereich heftig, mit vielen erreichten Durchbrüchen. Als Beispiel sei die Forschung zur Histon-Methylierung genannt: 1999 klonierte Michael Stallcup von der University of Southern California, USA, die erste Histon-Arginin-Methyltransferase. Im Jahr 2000 klonierte Thomas Jenuwein vom Forschungsinstitut für Molekulare Pathologie (IMP) in Wien, Österreich, die erste Histon-Lysin-Methyltransferase. 2001 berichteten die Teams von Thomas Jenuwein und von Tony Kouzarides von der Universität Cambridge, Großbritannien, unabhängig voneinander und zur gleichen Zeit in *Nature* über die erste Reader-Protein-Bindung mit Histon-Methylierungsmodifikation. 2002 analysierten verschiedene Forschungsteams in den USA und Europa die Kristallstrukturen von Histon-Modifikation-Reader-Proteinen und die katalytischen Domänen von Histon-Methyltransferasen. Inzwischen, im scharfen weltweiten Wettbewerb im Forschungsbereich der Histon-Demethylasen, entdeckte Yang Shi von der Harvard Universität die erste Histon-Demethylase im Jahr 2004; er und Yi Zhang von der University of North Carolina, USA, entdeckten unabhängig voneinander eine neue Klasse von Histon-Demethylasen (die die JMJ-Domäne beinhaltet). Anschließend richteten sich die Studien zur Histon-Methylierung zunehmend auf die Erforschung der physiologischen Funktionen bekannter Faktoren.

Im Jahr 2006 erreichte Shinya Yamanaka von der Universität Kyoto in Japan die Reprogrammierung von somatischen Zellen mit Transkriptionsfaktoren, was international einen Aufschwung auslöste und die Stammzellforschung in eine neue Phase brachte. Mit jahrelanger Ansammlung von Forschung in Genetik und Entwicklungsbiologie hatte Japan viele Errungenschaften auf dem Gebiet der Epigenetik und der Stammzellen. 2009 berichteten Anjana Rao, derzeit bei der Harvard University, und Nathaniel Heintz von der Rockefeller University unabhängig voneinander in derselben Ausgabe von *Science* von der Entdeckung des Phänomens, dass methylierte DNA in Säugetierzellen oxidiert werden könne. Dann begann die Forschung über den Mechanismus der oxidativen DNA-Demethylierung.

Diese Errungenschaften, die auf die langfristige Ansammlung und harte Arbeit von epigenetischen Forschern weltweit zurückzuführen sind, führten zu einem weltweiten Forschungsmodell, das von den USA, Europa und Japan dominiert wird. Epigenetische Forschungsinstitute und -zentren schossen wie Pilze aus dem Boden, und die Hauptkraft der Forschung war eine große Anzahl von Instituten und Universitäten, einschließlich der Johns Hopkins University, Harvard University, dem National Cancer Institute, Cold Spring Harbor Laboratory, University of Southern California, University of Virginia, Massachusetts Institute of Technology, Rockefeller University, New York University, University of California

(San Francisco), University of California (Berkeley), University of California (Los Angeles), University of California (San Diego), Stanford University, University of Massachusetts, University of Washington (Seattle), Pennsylvania State University, Washington University in St. Louis, Ohio State University u. a. in den USA; Cambridge University, Oxford University, University of Edinburgh und John Innes Centre im Vereinigten Königreich; Max-Planck-Institut in Deutschland, Institut Curie in Frankreich und Institute of Physical and Chemical Research (RIKEN) in Japan. Aus diesen Institutionen und Universitäten sind verschiedene wichtige Wissenschaftler auf dem Gebiet der Epigenetik hervorgegangen, zum Beispiel Shiv Grewal (Heterochromatin) vom National Cancer Institute, Yi Zhang (histonmodifizierende Enzyme) von der Harvard University, Steven Jacobson (DNA-Methylierung in Pflanzen) von der University of California (Los Angeles), Job Dekker (Chromatinstrukturen höherer Ordnung) von der University of Massachusetts, Bing Ren (Chromatinstrukturen höherer Ordnung) von der University of California (San Diego), Wolf Reik (DNA-Methylierung bei Säugetieren) von der Cambridge University, Edith Heard (X-Chromosom-Inaktivierung) vom Institut Curie und Hiroyuki Sasaki (genomische Prägung) von der Kyushu University in Japan.

Vor diesem MRP hatte China gerade erst mit der Forschung in der Epigenetik begonnen und stärkte seine Forschungsteams. Dennoch wurde ein Teil seiner Forschungsarbeit von internationalen Kollegen anerkannt, und relevante Ergebnisse wurden in *Cell, Nature* und anderen internationalen Zeitschriften veröffentlicht. Die repräsentative Arbeit beinhaltete die Studie über einen G-Protein-gekoppelten Rezeptor (GPCR) des Adrenalinrezeptors und epigenetische Regulation durch das Team von Pei Gang von den Shanghai Institutes for Biological Sciences der Chinese Academy of Sciences, deren Ergebnisse im Jahr 2005 in *Cell* veröffentlicht wurden; die Regulation eines Histons und epigenetischer Proteine bei Chromatinstrukturen höherer Ordnung durch das Team von Sun Fanglin von der Tsinghua Universität, mit Veröffentlichung der Ergebnisse im Jahr 2006 in *Genes & Development;* den Regulationsmechanismus der DNA-Demethylierung zur Genstummschaltung durch das Team von Gong Zhizhong der China Agricultural University, mit Veröffentlichung der Ergebnisse im Jahr 2006 in *Plant Cell* und im Jahr 2007 in *EMBO Reports*. Insgesamt begann, im Vergleich zu den internationalen Kollegen, die epigenetische Forschung in China später mit kleineren Teamgrößen. In Bezug auf die Anzahl der Arbeiten gab es im Zeitraum 2000–2008 insgesamt 12.542 Artikel und Reviews zu Epigenetik, die in der Web of Science Core Collection gesammelt wurden. Die Hälfte von ihnen wurde von Forschern aus den USA (46,4 %) veröffentlicht, während weniger als 5 % aus China stammten, was international den 7. Platz einnahm. Seit dieses MRP gestartet wurde, hat die epigenetische Forschung in China rasche Fortschritte gemacht. In den Jahren 2009–2016 wurden 6728 Artikel und Reviews veröffentlicht, was 13,1 % der entsprechenden Arbeiten weltweit ausmacht (Abb. 2.1) und das Vereinigte Königreich

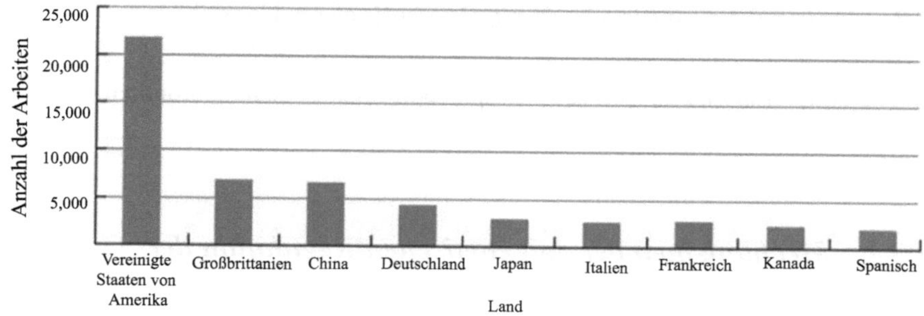

Abb. 2.1 Anzahl der Arbeiten zur epigenetischen Forschung, veröffentlicht von den wichtigsten Ländern und gesammelt in der Web of Science Core Collection in den Jahren 2009–2016

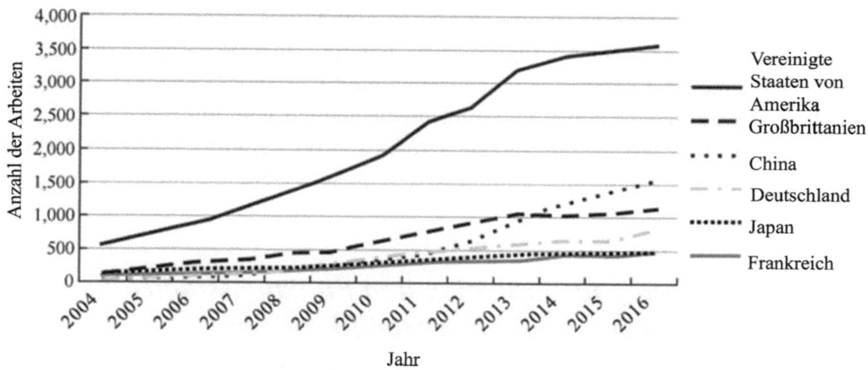

Abb. 2.2 Anzahl der Arbeiten zur epigenetischen Forschung, veröffentlicht von den wichtigsten Ländern und gesammelt in der Web of Science Core Collection in den Jahren 2004–2016

im Jahr 2014 übertrifft. Von 2014 bis 2016 wurde die Anzahl der Arbeiten zur Epigenetik, die von Forschern in China in wissenschaftlichen Zeitschriften veröffentlicht wurden, nur noch von den USA übertroffen (Abb. 2.2). Mit Unterstützung durch dieses MRP haben unsere Wissenschaftler mehrere wichtige Errungenschaften gemacht und eine Reihe von Originalarbeiten in den weltweit führenden Zeitschriften veröffentlicht, was einstimmiges Lob im In- und Ausland und großen internationalen Einfluss nach sich zog. Acht Jahre nach dem Start dieses MRP hat China im Bereich der Epigenetik Japan bezüglich Qualität und Quantität der Arbeiten sowie Talentförderung übertroffen und ist ein weiteres Zentrum für epigenetische Forschung auf Augenhöhe mit den USA und Europa geworden.

2.3 Entwicklungstrends der epigenetischen Forschung

Die aktuellen Entwicklungstrends der epigenetischen Forschung könnten wie folgt zusammengefasst werden.

2.3.1 Mechanismen der epigenetischen Regulation der Genexpression

Dieser Bereich konzentriert sich auf die Interaktionen und die Regulation zwischen epigenetischen Modifikatoren und Regulatoren sowie auf die Regulationsmodi (ausgenommen enzymatische Reaktionen) von epigenetischen Modifikatoren der Genexpression. Es wird auch auf die Mechanismen geachtet, mit denen Zellen auf Veränderungen in intrazellulärer und extrazellulärer Umgebung über epigenetische Regulation reagieren. Derzeit sind die katalytischen Prozesse und molekularen Mechanismen der meisten epigenetischen modifizierenden Enzyme im Grunde klar. Weitere Studien zu den Regulationsmechanismen von epigenetischen Faktoren helfen zu verstehen, warum die Genexpression hochgradig raumzeitlich spezifisch ist und warum ihre Rollen komplexe dynamische Veränderungen zeigen.

2.3.2 Entdeckung, Identifikation und Funktionsstudien von neuen epigenetischen Modifikationen, modifizierenden Enzymen und Reader-Proteinen

Dieser Bereich konzentriert sich auf die interdisziplinären Studien von Biochemie und Strukturbiologie, um die Funktionen und Mechanismen von epigenetischen modifizierenden Enzymen und Modifikations-Reader-Proteinen zu analysieren.

2.3.3 Mechanismen der Einrichtung und Aufrechterhaltung von epigenetischen Informationen

Dieser Bereich konzentriert sich auf die interdisziplinäre Forschung mit Entwicklungsbiologie und Systembiologie, um die Träger und Mechanismen der transgenerationalen Vererbung von epigenetischen Informationen in verschiedenen Modellorganismen zu untersuchen. Er betont die Unterscheidung der Beiträge verschiedener Elemente zur Einrichtung und Aufrechterhaltung von epigenetischen Informationen und ihren Regulierungsmechanismen sowie die Untersuchung der molekularen Mechanismen der Einrichtung und Aufrechterhaltung von raumzeitlich spezifischen epigenetischen Informationen in Zellen.

2.3.4 *Epigenetische Regulation bei Reproduktion und Entwicklung*

Dieser Bereich konzentriert sich auf die Mechanismen zur Einrichtung und Aufrechterhaltung epigenetischer Modifikationen und ihre dynamischen Veränderungen während dieser Prozesse sowie auf die molekularen Mechanismen von epigenetischen Faktoren, die Signaltransduktionswege integrieren und die Zelldifferenzierung regulieren.

2.3.5 *Molekulare Mechanismen der epigenetischen Regulation bei Zellprogrammierung und Zellreprogrammierung*

Dieser Bereich konzentriert sich auf die interdisziplinäre Forschung mit Genetik und Bioinformatik, um aus der Perspektive der Systembiologie die dynamischen Veränderungen und Regulationsmechanismen von Chromatinmodifikationen und Strukturen höherer Ordnung während Zellschicksalsveränderungen sowie die Mechanismen der Heterogenität von Zellveränderungen während dieser Prozesse zu untersuchen. Er betont auch die Verbesserung der Effizienz der Zellreprogrammierung in vitro mit Regulationen bei epigenetischen Faktoren.

2.3.6 *Chromatinstrukturen höherer Ordnung und subnukleare Strukturen*

Dieser Bereich konzentriert sich auf die interdisziplinäre Forschung mit Physik und computergestützter Biologie und insbesondere auf die Entwicklung neuer Technologien zur Untersuchung der Zusammensetzung und dynamischer Veränderungen von Chromatinstrukturen höherer Ordnung. Er betont auch die Erforschung von allgemeinen Prinzipien für die Zusammensetzung von Chromatinstrukturen höherer Ordnung.

2.3.7 *Ursprünge und Evolution von epigenetischen Regulationsnetzwerken*

Dieser Bereich konzentriert sich auf die interdisziplinäre Forschung mit Bioinformatik, um die epigenetischen Karten der frühen embryonalen Entwicklung verschiedener Arten zu erstellen und die Regeln der Vererbung und Evolution von epigenetischen Informationen zu untersuchen.

2.3.8 Krebs, neurodegenerative Krankheiten und andere wichtige Krankheiten im Zusammenhang mit epigenetischer Regulation

Dieser Bereich konzentriert sich auf die Regulationsmechanismen von epigenetischen Faktoren bei Krankheitsentstehung, Krankheitsentwicklung und -verschlechterung. Er betont auch die interdisziplinäre Forschung mit chemischer Biologie zur Entwicklung potenzieller zielgerichteter Medikamente aus niedermolekularen Verbindungen gegen epigenetische Faktoren.

Kapitel 3
Wichtige Forschungsergebnisse

Gang Pei, Yongfeng Shang, Fanglin Sun, Zuoyan Zhu, Runsheng Chen, Xiaofeng Cao und Zhen Xi

Die erfolgreiche Umsetzung dieses MRP hat die allgemeine Verbesserung und sprunghafte Entwicklung der epigenetischen Forschung in China gefördert. Eine Reihe von Durchbrüchen mit großer internationaler Bedeutung wurde erreicht bei der Entdeckung neuer epigenetischer Regulatoren und Chromatin-Remodeling-Faktoren sowie der Aufdeckung ihrer biologischen Funktionen und Mechanismen, bei der Analyse der Regulationsmechanismen für Stammzellselbsterneuerung und somatische Zellreprogrammierung sowie für die Entwicklung neuer Klonierungsmethoden, bei der Aufdeckung der Regeln für die epigenetische Regulation von Zelldifferenzierung und Zelltransdifferenzierung, Ontogenese sowie Krankheitsentstehung und -entwicklung, außerdem durch das Verständnis der Zusammensetzung und Funktion von epigenetischen Netzwerken auf der gesamten Genomebene.

G. Pei (✉) · F. Sun
Tongji Universität, Shanghai, China
E-Mail: ru.zhang@tongji.edu.cn

Y. Shang
Hangzhou Normal University, Hangzhou, Zhejiang, China

Z. Zhu
Institut für Hydrobiologie, Chinesische Akademie der Wissenschaften, Wuhan, China

R. Chen
Institut für Biophysik, Chinesische Akademie der Wissenschaften, Peking, China

X. Cao
Institut für Genetik und Entwicklungsbiologie, Chinesische Akademie der Wissenschaften, Peking, China

Z. Xi
Nankai Universität, Tianjin, China

G. Pei (Hrsg.), *Epigenetische Mechanismen der Zellprogrammierung und Zellreprogrammierung*, https://doi.org/10.1007/978-3-662-69311-7_3

3.1 Neue epigenetische Regulatoren und Chromatin-Remodeling-Faktoren sowie ihre biologischen Funktionen und Mechanismen

Epigenetische Regulation ist eine gängige Methode zur Regulation der Genexpression in Lebensphänomenen. Ihre wichtigen Mittel umfassen DNA-Methylierungsmodifikation, Histon-Modifikation, Nukleosomenzusammenbau, Einrichtung und Erkennung des Histon-Codes sowie Bildung, Erhaltung, und Transformation von Chromatinstrukturen höherer Ordnung. Daher hat dieses MRP die Forschungsrichtungen zur Entdeckung und Identifizierung der neuen Moleküle für DNA-Methylierungsmodifikation und Histon-Modifikationen unterstützt, die Mechanismen für den Nukleosomenzusammenbau und die Zusammensetzung, Erkennung und Funktionen des Histone-Codes erforscht, die Regulationsmechanismen und Funktionen von Chromatinstrukturen höherer Ordnung und die Transformation zwischen Heterochromatin und Euchromatin studiert und die Rollen von wichtigen Signaltransduktionswegen bei der Einrichtung und Erhaltung von epigenetischen Informationen geklärt. Es hat auch aktiv strukturbiologische Forschung angeregt und eine Reihe von Durchbrüchen erzielt.

3.1.1 Neue Mechanismen der interaktiven Regulation zwischen DNA-Methylierung und Histon-Methylierungsmodifikationen

DNA-Methylierung kann Veränderungen in der Chromatinstruktur, der DNA-Konformation und der DNA-Stabilität sowie Wechselwirkungen zwischen DNA und Proteinen verursachen, um die Genexpression zu kontrollieren. Die an der DNA-Methylierung beteiligten Enzyme sind hauptsächlich DNMT1, DNMT3A und DNMT3B. Frühere Studien haben eine Verbindung zwischen DNA-Methylierung und Histon-Modifikationen hergestellt und einen histongeleiteten Mechanismus für die Etablierung von DNA-Methylierung offenbart. Die ATRX-DNMT3-DNMT3L-(ADD-)Domäne von DNMT3A erkennt unmethyliertes Histon H3 (H3K4me0). Der Histon-H3-Schwanz stimuliert die enzymatische Aktivität von DNMT3A in vitro, während der molekulare Mechanismus noch unklar bleibt.

Mit der Unterstützung dieses MRP haben unsere Wissenschaftler die Kristallstrukturen der Komplexe DNMT3A-DNMT3L (autoinhibitorische Form von DNMT3A) und DNMT3A-DNMT3LH3 (aktive Form) bei 3,82- und 2,90-Å-Auflösung bestimmt. Strukturelle und biochemische Analysen zeigten, dass die ADD-Domäne von DNMT3A mit der katalytischen Domäne (CD) interagierte und deren enzymatische Aktivität durch Blockierung ihrer DNA-Bindungsaffinität hemmte. Histon H3 (aber nicht H3K4me3) konnte die ADD-CD-Interaktion stören, eine große Bewegung der ADD-Domäne induzieren und somit die Autoinhibition von DNMT3A aufheben. Die Erkenntnis hat eine weitere Schicht der Regulation von DNA-Methylierung hinzugefügt, um sicherzustellen, dass DNMT3A hauptsächlich an den richtigen Zielorten aktiviert wird, wenn unmethyliertes H3K4 vorhanden ist, und hat eine negative Korrelation zwischen H3K4me3 und DNA-Methylierung im gesamten Säugetiergenom stark unterstützt (Guo et al. 2015). Diese Studie hat einen neuen Einblick gegeben in eine unerwartete Autoinhibition und Histon-H3-induzierte Aktivierung der De-novo-DNA-Methyltransferase nach ihrer ersten genomischen Positionierung und wurde daher von der professionellen akademischen Review-Website *F1000* empfohlen.

Eine andere Studie hat den interaktiven Mechanismus von methyliertem H3K9 und methylierter DNA (Liu et al. 2013) gefunden und ein neues Modell für die Aufrechterhaltung der DNA-Methylierung vorgeschlagen: UHRF1 könne durch die kooperative Bindung von halbmethylierter DNA und methyliertem Histon effektiver an DNA-Replikationsgabeln binden und so DNMT1 für die Aufrechterhaltung der DNA-Methylierung rekrutieren. Am Mausmodell zeigte die Studie weiter, dass UHRF1 durch Erkennen der H3K9-Methylierung eine Wechselwirkung zwischen Histon-Modifikation und DNA-Methylierung vermittelte. Es wurde auch darauf hingewiesen, dass H3K9-Methylierung eher eine unterstützende und als eine entscheidende Rolle bei der DNA-Methylierung in Säugetierzellen spielt. Diese Arbeit hat gezeigt, dass sich die Wechselwirkung zwischen Histon-Modifikation und DNA-Methylierung in verschiedenen Arten im Grad und Mechanismus unterscheidet (Zhao et al. 2016a). Zwischenzeitlich haben unsere Wissenschaftler die negative Regulation der De-novo-DNA-Methylierung durch UHRF1/2 entdeckt und vorgeschlagen, dass UHRF1/2 die DNA-Methylierungserhaltung fördern und die De-novo-DNA-Methylierung hemmen, um die Hypothese der zellulären DNA-Methylierungshomöostase zu unterstützen (Jia et al. 2016). Zusätzlich hat eine andere Studie festgestellt, dass sich halbmethylierte DNA (nach der DNA-Replikation gebildet) an den epigenetischen Regulator UHRF1 bindet und seine geschlossene Konformation öffnet, um die Erkennung von Histon-Modifikation zu erleichtern, wodurch UHRF1 ermöglicht wird, sich präzise in spezifischen Regionen des Genoms zu positionieren und eine Rolle bei der Aufrechterhaltung der DNA-Methylierung zu spielen (Fang et al. 2016).

3.1.2 Neue Regulationsmechanismen der DNA-Methylase- und Demethylaseaktivitäten

In den letzten Jahren sind lichtgesteuerte Proteine zu einem leistungsstarken Werkzeug für das Studium der räumlich-zeitlichen Regulation der zellulären Signaltransduktion geworden. Im Vergleich mit ultraviolett-aktivierten Sonden können zwei-Photonen-aktivierbare Sonden die Zytotoxizität erheblich reduzieren und haben daher ein breites Anwendungsspektrum. Unsere Wissenschaftler nutzten die chemische Proteinsynthese als Kerntechnik und entwickelten lichtgesteuerte Proteinsonden, die auf Immunzellen abzielen. Mit diesen Sonden studierten sie die gerichtete Migration von Immunzellen unter präziser räumlich-zeitlicher

Stimulation sowie den Aktivierungsmechanismus. Durch die Entwicklung von zwei-Photonen-gesteuerten Chemokinsonden erforschten sie und ihre Mitarbeiter den Mechanismus der gerichteten Migration von Immunzellen in lebenden Geweben und entwarfen und synthetisierten die erste zwei-Photonen-aktivierbare Chemokinsonde hCCL5**. Mit ihrer hohen räumlich-zeitlichen Auflösung zeigten sie auf Einzelzellebene, dass „T-Zellen die Richtungsanweisung wahrnehmen, ohne sich auf PI3K-Aktivitäten zu verlassen, die jedoch für die anhaltende Migration erforderlich sind" (Chen et al. 2015b). Zusätzlich nutzten sie die gute Gewebedurchdringung der Zwei-Photonen-Technik, sie und ihre Mitarbeiter realisierten die gerichtete Migration von Immunzellen in lebenden Geweben (Ohren und Lymphknoten von Mäusen). Diese Sonde ist ein ideales molekulares Werkzeug zum Verständnis und möglicherweise zur Manipulation von Zellpositionierung und verwandter Zellbiologie. Basierend auf den entwickelten lichtgesteuerten Proteinantigenen, enthüllten sie die frühen Signaltransduktionsdynamiken der B-Zell-Aktivierung. HEL-K96NPE, das erste lichtgesteuerte Proteinantigen für B-Zellen, wurde mit lichtgesteuertem Aminosäurescreening und chemischer Proteinsynthese entwickelt. Sie fanden heraus, dass für Hühnerei-Lysozym (HEL) und seinen Antikörper HyHEL-10 (oder B-Zellen aus MD4-transgenen Mäusen, die HyHEL-10 exprimieren) das Maskieren einer einzigen Stelle (Lys^{96} von HEL) ausreichte, um die Interaktion bis zu 20 pm mit einer großen Interaktionsfläche (1800 $Å^2$) zu blockieren. Kombiniert mit der Hochgeschwindigkeits-Hochauflösungs-Lebendzellbildgebung wurde HEL-K96NPE verwendet, um die frühe Bildung von B-Zell-Synapsen und die periodischen Reaktionen des Calciumeinströmens in Echtzeit zu überwachen. Diese Sonde ist ein vielversprechendes Werkzeug für eingehende Studien über die frühen Signaltransduktionsdynamiken der B-Zell-Aktivierung.

5-Methylcytosin (5mC), oft als „die 5. Base" bezeichnet, ist eine methylierte Cytosinbase im Säugetiergenom. TET-Protein ist eine Oxidase in Säugetierzellen, die in der DNA-Demethylierung funktionieren kann. Das Säugetier-TET spielt eine entscheidende Rolle in kritischen Lebensprozessen wie der epigenetischen Reprogrammierung von befruchteten Eiern, der pluripotenten Stammzelldifferenzierung und der medullären Hämatopoese und seine Inaktivierung ist auch eng verbunden mit mehreren Krankheiten, insbesondere hämatologischen Tumoren. Die Forschung zur DNA-Demethylierung, die sich auf TET konzentriert, ist eines der aktivsten Gebiete in der Epigenetik. Frühere Studien haben gezeigt, dass während der Demethylierung TET 5-Methylcytosin (5mC) zu 5-Hydroxymethylcytosin (5hmC, die 6. Base) oxidiert und es weiter zu 5-Formylcytosin (5fC, die 7. Base) und 5-Carboxylcytosin (5caC, die 8. Base) katalysiert. 5hmC ist relativ stabil in Zellen, und sein Anteil ist viel höher als der von 5fC und 5caC. Es gab keine vernünftige biologische Erklärung für dieses Phänomen. Unsere Wissenschaftler haben das Rätsel mit Forschungsmethoden der Strukturbiologie, Biochemie, computergestützten Biologie und anderen Disziplinen gelüftet. Strukturanalysen zeigten, dass die Orientierung von 5mC in der TET-Katalysekavität dazu neigte, vom katalytischen Bereich erfasst und in 5hmC oxidiert zu werden. Aufgrund der Existenz von Sauerstoff wurden 5hmC und 5fC in der Katalysekavität zurückgehalten und waren weniger anfällig für weitere Oxidation, was zu einer Abnahme der TET-Aktivität gegenüber diesen beiden Basen führte. Mit einem solchen Unterschied in der katalytischen Effizienz war es für TET einfach, 5mC in 5hmC zu oxidieren. Nach der Erzeugung von 5hmC war es jedoch nicht einfach für TET, es weiter in 5fC oder 5caC zu oxidieren. Als Ergebnis war zelluläres 5hmC relativ stabil und deutlich häufiger vorhanden als 5fC/5caC. Die Studie hat den Mechanismus der Substratpräferenz von TET demonstriert und eine Erklärung für die stabile Existenz von 5hmc auf molekularer Ebene im Genom geliefert. In spezifischen Genbereichen könnten TET durch spezifische Regulatoren aktiviert werden, um TET mit hoher Aktivität zu erzeugen, die 5hmC iterativ in 5fC und 5caC oxidieren. Diese Entdeckung hat ein Rätsel in der Epigenetik gelöst und auch eine neue Idee und Methode für die Aufdeckung der molekularen Mechanismen der stufenweisen Katalyse anderer Proteine geliefert (Hu et al. 2015).

Unsere Wissenschaftler haben herausgefunden, dass das Zinkfingerprotein SALL4A bevorzugt an 5hmC-modifizierte DNA bindet. Das *Sall4a*-Gen ist wichtig während der frühen embryonalen Entwicklung, und seine Mutation führt zum autosomal-dominanten Zustand des Duane-Radial-Ray-Syndroms. Die *Sall4a*-Knockout-Maus-Embryonen stoppen die Entwicklung während der Periimplantation und sterben bald. Die Studie fand heraus, dass in den mausembryonalen Stammzellen der Großteil von SALL4A an Enhancer lokalisiert war und seine Chromatinassoziation weitgehend von TET1 abhing. Weitere Analysen zur Cytosinmodifikation an den *Sall4a*-Bindungsstellen im Genom zeigten, dass diese Stellen von stabilem 5hmC befreit waren, aber mit den weiter oxidierten Produkten von 5fC und 5caC angereichert waren, was auf eine mögliche Rolle von *Sall4a* bei der Förderung der weiteren Oxidation von 5hmC hindeutet. Wie erwartet fanden die Forscher heraus, dass das Ausschalten von *Sall4a* zu erhöhtem 5hmC an den ursprünglichen *Sall4a*-Bindungsstellen führte und die stabile Bindung von TET2, die nicht förderlich für die weitere Oxidation von 5hmC ist, reduzierte (Xiong et al. 2016a). Diese Studie hat das Verständnis von DNA-Oxidation und -Demethylierung, die durch die Familie der TET-Proteine reguliert werden, bereichert und das Konzept der kooperativen stufenweisen Oxidation von 5mC vorgeschlagen: SALL4A fungiert nicht als allgemeines 5hmC-bindendes Protein, wie es die Rolle von MeCP2 für 5mC ist; stattdessen ist es ein zelltyp- und genomregionspezifischer Regulator von 5hmC, es rekrutiert TET2 an spezifischen Stellen und erleichtert die weitere Oxidation von 5hmC in 5fC und 5caC zur Feinabstimmung der Genexpressionsregulation. Diese Entdeckung hat unser Verständnis der Dynamik der DNA-Methylierung und ihrer funktionalen Rollen in embryonalen Stammzellen und in der Zellreprogrammierung gefördert. Sie wurde auf *F1000* vorgestellt und empfohlen.

Frühere Studien haben gezeigt, dass USP7 sich selbst an DNMT1 bindet und die DNMT1-Stabilität durch Acetylierung und Ubiquitinierung reguliert. Jedoch bleibt der molekulare Mechanismus für die USP7-vermittelte Stabilisierung von DNMT1 weitgehend unbekannt. Um diese Frage zu beantworten, haben unsere Wissenschaftler die Kristallstruktur des menschlichen DNMT1 im Verbund mit USP7 in einer 2,9-Å-Auflösung bestimmt. Strukturelle und biochemische

Analysen zeigten, dass die Interaktion zwischen den beiden Proteinen hauptsächlich durch den KG-Linker von DNMT1 und eine zuvor nicht charakterisierte Säuretasche vermittelt wurde, die als Substratbindungsstelle in der Nähe des C-Terminus von USP7 wirkte. Mutationen dieser sauren Reste störten die Interaktion zwischen DNMT1 und USP7, was zu einem erhöhten Umsatz von DNMT1 führte. Acetylierung von Lysinresten des KG-Linkers beeinträchtigten die DNMT1-USP7-Interaktion und förderten den proteasomalen Abbau von DNMT1. Die Behandlung mit Histon-Deacetylase-(HDAC-)Inhibitoren führte zu erhöhtem acetylierten DNMT1 und vermindertem DNMT1-Gesamtprotein. Diese negative Korrelation wurde in differenzierten neuronalen Zellen und Pankreaskrebszellen beobachtet. Diese Erkenntnisse zeigten, dass die USP7-vermittelte Stabilisierung von DNMT1 durch Acetylierung reguliert ist, und lieferten eine strukturelle Grundlage für das Design von Inhibitoren durch das Targeting der DNMT1-USP7-Interaktionsfläche (Cheng et al. 2015).

3.1.3 Neue Histon-Modifikationscodes und die Interpretationsmechanismen

Histon-Modifikationen, einer der grundlegenden Mechanismen der epigenetischen Regulation, gelten als eine Art „Histon-Codes". Sie regulieren die Interpretation von genetischen Informationen auf der Chromatinebene und spielen eine wichtige Rolle in Prozessen wie der Genexpression und der Zellschicksalsbestimmung. In den letzten Jahren wurden viele neue Histon-Modifikationen gefunden, darunter Histon-Lysin-Acylierungen wie Acetylierung (ac), Propionylierung (pr), Butyrylierung (bu) und Crotonylierung (cr). Es gibt verschiedene Studien zur Histon-Acetylierung, während die Histon-Crotonylierung neu entdeckte Modifikationscodes sind, die bei der Hefe bis hin zum Menschen konserviert sind. Sie ist eng mit aktiver Transkription und Genaktivierung verbunden und reguliert biologische Prozesse wie Genexpression und Gametenreifung. Seit die Histon-Crotonylierung von Zhao Yingmings Team von der University of Chicago im Jahr 2011 berichtet wurde (Tan et al. 2011), ist die Forschung zu ihrer Entstehung, Beseitigung und zu ihren Identifizierungsmechanismen zu einem Hotspot geworden. Die Gelegenheit und Herausforderung, die folgt, ist die Entdeckung des spezifischen Erkennungslesers von Crotonylierung als eines direkten Interpreten des „Histon-Codes".

Mit der Unterstützung dieses MRP haben unsere Wissenschaftler neue Histon-Crotonylierungsleser entdeckt. Sie veröffentlichten drei hochwertige Arbeiten (Xiong et al. 2016b; Li et al. 2016c; Zhao et al. 2016a) und berichteten über zwei solche Leser – YEATS- und DPF-Domänen. Nach den strukturellen und funktionalen Analysen der YEATS-Domänen der epigenetischen Regulatoren AF9 und YEATS2 und der DPF-Domänen von MOZ wurden beide Domänen als bevorzugte Histon-Crotonylierungsleser gefunden. Diese Studien haben die molekularen und zellulären Mechanismen erhellt, durch die diese Domänen die Gentranskription fördern, indem sie spezifisch die Histon-Crotonylierungscodes lesen. Bemerkenswert ist, dass die wichtige Arbeit zu den oben genannten YEATS in drei schwergewichtigen Rezensionen besonders hervorgehoben wurde. Sie glauben, dass diese Entdeckung einen Durchbruch im Bereich der Histon-Modifikationsregulation darstellt und eine neue Richtung der metabolischen und epigenetischen Forschung eröffnet und unser biologisches Verständnis der Crotonylierungsmodifikation vertieft hat.

Die Histon-Methylierung ist ein weiterer wichtiger Typ von Codes. Unsere Wissenschaftler haben entdeckt und demonstriert, dass KIAA1718 (KDM7A) eine Histon-Demethylase mit doppelter Spezifität sowohl für H3K9 als auch für H3K27 ist (Huang et al. 2010). Die Studien über die Histon-Demethylase ceKDM7A von *Caenorhabditis elegans* fanden heraus, dass sie sich selbst an H3K4me3 bindet, um H3K9me2 und H3K27me2 zu demethylieren, und demonstrierten, dass sich die mit Transkriptionsrepression assoziierte Methylierung (H3K9me2 und H3K27me2) und die mit Transkriptionsaktivierung assoziierte Methylierung (H3K4me3) gegenseitig ausschließen (Lin et al. 2010; Yang et al. 2010). Sechs Kokristallstrukturen von ceKDM7A mit Peptiden, die verschiedene Histon-Methylierungsmodifikationen enthielten, wurden fertiggestellt, um ihre Spezifität und Substraterkennungsmechanismen aus der Perspektive der Struktur zu erklären. Unsere Forscher haben herausgefunden, dass PHF8 eine Histon-H3K9-Demethylase ist, die sich in der Nukleolusregion befindet und die rRNA-Transkription reguliert (Zhu et al. 2010). Die damit verbundenen Ergebnisse wurden in *Cell Research* veröffentlicht und der Artikel als Titelgeschichte auf dem Cover empfohlen. Er wurde von Experten in der gleichen Ausgabe kommentiert und gewann den „Sanofi-Cell Research Outstanding Paper Award of 2010".

Darüber hinaus können die 20 verschiedenen Histon-Lysin-Demethylasen, die bisher identifiziert wurden, nur die Methylierungsmodifikationen an den 4 Lysinstellen von H3K4, H3K9, H3K27 und H3K36 eliminieren. Es gibt viele wichtige Lysinmethylierungsstellen im Histon, einschließlich H3K79 und H4K20, und ihre Demethylasen warten darauf, entdeckt zu werden. Auch die Arginin-Demethylasen wurden noch nicht gefunden. Mit der Unterstützung dieses MRP haben unsere Wissenschaftler ein System für das genomweite Screening von neuen Histon-Demethylasen und ihrer Methylierungsregulation etabliert und es genutzt, um die neue Demethylase KDM9A/9B von H4K20 zu entdecken. Diese Familie ist eine neue Histon-Lysin-Demethylase, die keine Gemeinsamkeit mit den LSD- und JmjC-Familien hat. KDM9A/9B könnte die Methylierung von H4K20 an seiner Bindungsdomäne regulieren, die Gentranskription durch die Entfernung der H4K-20me1-Methylierung aktivieren sowie die Transkription repetitiver Sequenzen durch die Entfernung der H4K20me3-Methylierung aktivieren. Verwandte Forschungen werden durchgeführt.

3.1.4 *Struktur höherer Ordnung von 30-nm-Chromatinfasern und ihre dynamischen Regulationsmechanismen*

Mit der in vitro selbst entwickelten Chromatin-Assemblierungstechnologie und kryogenen Elektronenmikroskopie haben unsere Wissenschaftler zum ersten Mal auf der Welt die hochauflösenden kryogen-elektronenmikroskopischen Strukturen (11 Å) von 30-nm-Chromatinfasern analysiert. Die Strukturen zeigen eine linkshändige Doppelhelixdrehung der sich wiederholenden tetranukleosomalen Struktureinheiten (Abb. 3.1). Mit den Einzelmolekül-Magnetpinzetten hat die Studie die dynamischen Prozesse des Aufbaus und der Regulierung der 30-nm-Chromatinfaserstruktur (Song et al. 2014) eingehend untersucht. Die Studie wurde speziell von *Science*-Redakteuren unter dem Titel „Double helix, Double" vorgestellt. In derselben Ausgabe wurde sie in *„The as Perspective"* von Professor Andrew Travers von der Cambridge University in Großbritannien mit dem Artikel „The 30-nm Fiber Redux" als Ursprung des DNA-Doppelhelix-Strukturmodells bewertet. Die Ergebnisse wurden in den neuesten Ausgaben der weltberühmten Biochemie-Lehrbücher *Fundamentals of Biochemistry: Life at the Molecular Level* und *Lehninger Principles of Biochemistry* zusammengetragen. Diese Arbeit wurde von *F1000* als „außergewöhnlich" empfohlen. Die 3D-elektronenmikroskopische Struktur der 30-nm-Chromatinfasern wurde in „A Tale of Chromatin and Transcription in 100 Structures" (Cramer 2014) von Dr. Patrick Cramer, Direktor am Max-Planck-Institut für biophysikalische Chemie in Deutschland, aufgenommen. Unsere

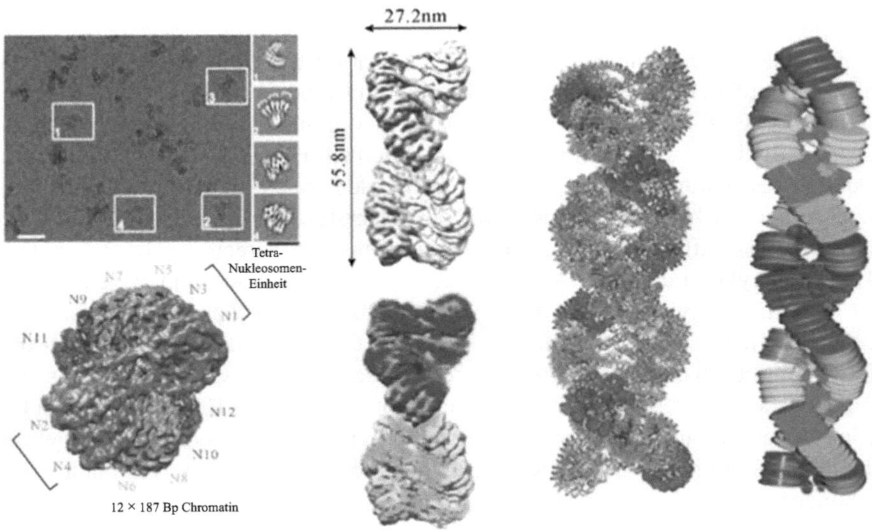

Abb. 3.1 Entschlüsselung der 3D-Organisation von 30-nm-Chromatinfasern durch Kryo-Elektronenmikroskopie (Song et al. 2014)

Wissenschaftler haben Durchbrüche bei der Lösung der großen wissenschaftlichen Frage der Struktur höherer Ordnung von 30-nm-Chromatinfasern erzielt, was China zum weltweit führenden Land im Forschungsbereich der Chromatinstruktur macht. Die folgenden Studien haben die MNase-Seq-Technik zur Kartierung der genomweiten Chromatinstruktur – gMNase-Seq (eine Methode zur Analyse der Chromatinstruktur im Kern) – etabliert und verbessert. Durch Modifikationen von MNase wurde die räumliche Auflösung der MNase-Seq-Technik verbessert. Sie zeigten weiterhin die dynamische Regulierung der 3D-Struktur von 30-nm-Chromatinfasern. Zum ersten Mal berichteten sie, dass die „Tetranukleosomen-auf-einer-Schnur" als wichtige Zwischenstruktur während der Faltung von 30-nm-Chromatinfasern erscheint. Der Histon-Chaperon FACT reguliert negativ die Struktur der tetranukleosomalen Einheit während der Gentranskription (Li et al. 2016a).

3.1.5 Mechanismen der zentromeren Chromatinetablierung und Nukleosomenassemblierung

Mit der Unterstützung dieses MRP haben unsere Wissenschaftler systematisch die Mechanismen der Erkennung und Zielsteuerung der Histon-Variante CENP-A während der Etablierung des zentromeren Chromatins sowie die Assemblierung in Nukleosomen untersucht. Die Studie analysierte die Kristallstruktur eines zentromeren CENP-A-H4-Heterodimers im Zusammenhang mit dem Histon-Chaperon HJURP, enthüllte den spezifischen Erkennungsmechanismus zwischen CENP-A und HJURP und entdeckte, dass der wichtige Rest Ser68 von CENP-A eine entscheidende Rolle bei der HJURP-Erkennung spielt (Hu et al. 2011). Die folgende Studie hat herausgefunden, dass die Phosphorylierung von CENP-A an Ser68 seine spezifische Erkennung durch HJURP reguliert und seine dynamische Assemblierung während des Zellzyklus orchestriert (Yu et al. 2015). Diese Ergebnisse haben starke Beweise für das Verständnis der zentromeren Nukleosomenassemblierung geliefert. Laut einem Kommentar auf *F1000* „haben die Ergebnisse enthüllt, dass HJURP spezifisch das Serin an Position 68 von CENP-A erkennen kann, was zu einem Schwerpunkt der zukünftigen Arbeit werden wird". Dr. Patrick Cramer hat diese Arbeit auch in „A Tale of Chromatin and Transcription in 100 Structures" aufgenommen.

3.1.6 Rollen von Histon-Varianten in der Chromatinassemblierung

Die Histon-Varianten H3.1, H3.3 und das zentromerspezifische CenH3 in der Histon-H3-Familie bleiben sowohl bei Pflanzen als auch bei Tieren (von *Drosophila melanogaster* bis hin zum Menschen) erhalten. H3.3 und H3.1 von *Arabidopsis* unterscheiden sich nur in 4 Aminosäuren – Aminosäuren 31 und 41 im N-terminalen

Schwanz und Aminosäuren 87 und 90 im Kernbereich. Durch die feine dynamische zellbiologische Analyse der *Arabidopsis*-Histone H3.3, H3.1 und deren Mutanten in der nukleolaren rDNA haben unsere Wissenschaftler das Modell vorgeschlagen und verifiziert, in dem die Aminosäuren 87 und 90 im Kernbereich von H3.3 die Nukleosomenassemblierung leiten, während die Aminosäuren 31 und 41 im N-terminalen Schwanz die Nukleosomendisassemblierung leiten (Shi et al. 2011).

Um die molekularen Mechanismen der Erkennung und Assemblierung der Histon-Variante H3.3 zu studieren, haben unsere Wissenschaftler die Kristallstruktur eines DAXX-H3.3-H4-Komplexes analysiert und den molekularen Mechanismus für die Erkennung von H3.3 durch den Komplex der H3.3-spezifischen Chaperone DAXX und HIRA aufgedeckt, was die Grundlage für die Skizzierung des Speicherwegs von H3.3 und für das Verständnis seiner spezifischen Erkennungs- und Assemblierungsmechanismen gelegt hat. Darüber hinaus hat die Studie entdeckt, dass H3.3 und H2A.Z zusammenarbeiten, um die Chromatinstrukturen über die Enhancer- und Promotorregionen dynamisch zu regulieren, um die Selbsterneuerung von Stammzellen aufrechtzuerhalten und ihre neuronale Differenzierung zu fördern (Chen et al. 2013).

3.1.7 Neue Interaktionsmuster zwischen epigenetischer Regulation und der Reparatur von DNA-Schäden

Die homologe Rekombination (HR) ist wesentlich für die Aufrechterhaltung der Genomintegrität und -variabilität. Vor der HR muss das Chromatin die DNA freisetzen, und seine Struktur muss nach der HR rekonstruiert werden. Die Studie hat gezeigt, dass die Depletion entweder der Nukleosomenassemblierungsprotein-1-(NAP1-)Gruppe der H2A/H2B-Histon-Chaperone oder der Proteine der NAP1-verwandten Gruppe (NRP) in *Arabidopsis* eine Reduktion der HR in Pflanzen verursacht. Der hyperrekombinogene Phänotyp, der durch die Depletion von CAF-1, den H3/H4-Histon-Chaperonen, verursacht wurde, beruhte auf NRP, aber der Telomerverkürzungsphänotyp nicht, was darauf hindeutet, dass die Abhängigkeit bei HR spezifisch ist. Die Analyse von DNA-Läsionen, H3K56-Acetylierung und Expression von DNA-Reparaturgenen spricht für eine Rolle von NAP1/NRP bei der Teilnahme an der HR über Nukleosomendeassemblierung/-reassemblierung. Zum ersten Mal hat die Studie eine entscheidende Funktion für die NAP1-Familie von H2A/H2B-Histon-Chaperonen in der somatischen HR bei Eukaryoten festgestellt (Gao et al. 2012).

Die Histon-Demethylase KDM5B, ein Mitglied in der JmjC-Domäne enthaltenen Histon-Demethylasen, wird aufgrund seiner Polyribosylierung und Erkennung von Histon-Varianten in DNA-Schadensstellen angereichert. Es verändert die Strukturen und Zustände des Chromatins in den beschädigten Regionen mit seiner Demethylaseaktivität und rekrutiert Ku70 und BRCA1, die wesentlichen Komponenten der nichthomologen Endverbindung und der homologen Rekombination, um die Reparatur von doppelsträngigen DNA-Schäden zu regulieren und die Genomstabilität aufrechtzuerhalten. Die Ergebnisse helfen, die epigenetische Rolle bei der Aufrechterhaltung der genetischen Treue zu analysieren und die mit der genomischen Instabilität verbundenen Krankheiten, wie Krebs, zu verstehen (Li et al. 2014a).

3.2 Entdeckung epigenetischer Regulationsmechanismen für die Selbsterneuerung von Stammzellen und die Reprogrammierung somatischer Zellen sowie Durchbrüche beim Klonen von Tieren und bei Reproduktionstechnologien

Die Reprogrammierung von somatischen Zellen bleibt einer der Hotspots in den Biowissenschaften. Sie kann durch somatischen Zellkerntransfer realisiert werden. Im Jahr 2006 berichtete der japanische Wissenschaftler Shinya Yamanaka, dass er somatische Zellen durch die Einführung von 4 Transkriptionsfaktoren, Oct3/4, Sox2, c-Myc und Klf4, in pluripotente Stammzellen umwandeln konnte, ähnlich wie embryonale Stammzellen. Die Etablierung und Entdeckung der induzierten pluripotenten Stammzellen (iPSCs) hat nicht nur eine neue Methode für die Reprogrammierung von somatischen Zellen geschaffen, sondern auch einen Meilenstein in der Geschichte der Biowissenschaften gesetzt. Die Reprogrammierung von somatischen Zellen spielt eine wichtige Rolle in der regenerativen Medizin und der Entwicklung und Nutzung von Medikamenten sowie in der Behandlung verschiedener genetischer und funktioneller Krankheiten des Menschen.

Nachdem dieses MRP gestartet wurde, zog die beratende Expertengruppe Bilanz und glaubte, dass die somatische Zellreprogrammierung zu einem Hotspot in der zukünftigen Spitzenforschung werden würde, und bot starke Unterstützung für die Forschung in diesem Bereich an. Als Ergebnis hat China in kurzer Zeit große Erfolge in der Forschung zur Klonung von Tieren, zur Reproduktionstechnologie sowie zu somatischen Reprogrammierungsmechanismen erzielt und ist zu einem weltweit führenden Land in diesem Forschungsbereich geworden.

3.2.1 Etablierung von embryonalen Stammzellen und Semiklon-Technologien zur Herstellung „künstlicher Spermatiden“

Die haploide Stammzelle ist ein neuer Typ von künstlichen Zellen. Mit der Unterstützung dieses MRP haben unsere Wissenschaftler eine Reihe wichtiger Fortschritte bei der Etablierung und Anwendung von haploiden Stammzellen bei Säugetieren gemacht. Sie haben zum ersten Mal die androgenetischen haploiden embryonalen Stammzelllinien von Ratte und Maus etabliert, die Spermien ersetzen können, um den Fortpflanzungsprozess fertigzustellen, sowie die parthenogenetischen haploiden embryonalen Stammzelllinien von Affen; sie entwickelten die genetischen Screening- und Modifikationstechnologien, basierend auf den haploiden embryonalen Stammzellen (ESC); sie wendeten die haploiden Stammzellen als neue Technologie und Werkzeug für die Forschung in der reproduktiven und Entwicklungsbiologie an, die die Nachkommen von zwei weiblichen Mäusen hervorbrachte; und sie schufen zum ersten Mal einen neuen Zelltyp – die interspezifischen hybriden allodiploiden Säugetier-Stammzellen. Ihre Errungenschaften haben die Theorien und Systeme der reproduktiven und Entwicklungsstudien sowie den Forschungsbereich erweitert und die wichtigen Anwendungsaussichten von haploiden Stammzellen für die reproduktive Biologie, Entwicklungsbiologie, Genetik und Evolutionsbiologie vorgestellt. Die Studien wurden in *Nature*, *Cell*, *Cell Stem Cell* und anderen Zeitschriften veröffentlicht. Die Anzahl der von China in hochrangigen Zeitschriften veröffentlichten Artikel hat die Summe der Artikel aus anderen Ländern der Welt übertroffen, was darauf hindeutet, dass China eine führende Position in den Technologien der haploiden Stammzellen und den relevanten Forschungsfeldern einnimmt.

(1) **Etablierung haploider Stammzelllinien von Säugetieren zur Untersuchung ihrer Merkmale und Funktionen**

Mit der Technik der Kernübertragung haben unsere Wissenschaftler die androgenetischen haploiden embryonalen Stammzelllinien (ahES) durch die Übertragung eines Spermiums in eine kernlose Eizelle zur Erzeugung androgenetischer haploider Embryonen etabliert. Die Zellen besaßen die Fähigkeit, sich in drei Schichten von Epiblasten und Keimzellen zu differenzieren.

Nach der Injektion in das Zytoplasma von M-II-Phase-Oozyten konnten sie ein Spermium ersetzen, um eine Eizelle zu befruchten. Der Embryo konnte sich weiter zu einem gesunden und fruchtbaren Organismus entwickeln – einer „semigeklonten" Maus. Dies wird als semigeklont bezeichnet. In der Studie wurde ein Neomycin-resistentes Gen *neor*, das vom PGK-Promotor gesteuert wird, in die ahES-Zelllinie AHGFP-4 elektroporiert, und die transgenen makrohaploiden Stammzelllinien wurden nach der G418-Medikamentenauswahl etabliert. Drei transgene Zelllinien wurden für die intrazytoplasmatische ahES-Zellinjektion (ICAI) ausgewählt. Sie stellten fest, dass alle drei Linien geeignete Föten bekommen konnten, und 7 und 1 gesunde lebende transgene Tiere wurden jeweils aus 2 Zelllinien erhalten. Die Studie hat ein neues Modell für die Untersuchung grundlegender Fragen wie zur Reproduktion und genomischem Prägen, eine neue Methode zur Gewinnung transgener Tiere und eine neue Idee für die Entwicklung von assistierten Reproduktionstechnologien bereitgestellt. Die Ergebnisse wurden 2012 in *Nature* veröffentlicht (Li et al. 2012a) und als einer der Top-10-Wissenschaftsfortschritte in China im selben Jahr ausgewählt. Eine weitere Studie hat die haploiden Epiblastenstammzellen (hEpiSC) etabliert, um ein neues Werkzeug für das genetische Screening von haploiden Stammzellen und die Forschung an Entwicklungsmechanismen wie der diploiden Erhaltung zu bieten (Shuai et al. 2015).

(2) **Reproduktive und Entwicklungsstudien mit haploiden Stammzellen**

Die interspezifischen hybriden allodiploiden embryonalen Stammzellen (AdESCs) von Säugetieren wurden mit haploiden ESC erzeugt. Unsere Wissenschaftler haben über die Erzeugung von hybriden Maus-Ratten-AdESCs durch Fusion von androgenetischen und parthenogenetischen haploiden ESC der beiden Arten berichtet, wodurch die Barriere der reproduktiven Isolation umgangen wurde, durch die sich die Fusion der Spermien und Eizellen von Mäusen mit Ratten nicht entwickeln kann (Li et al. 2016b). Die AdESCs haben die Fähigkeit, sich in alle drei Keimblätter sowie frühe Keimzellen zu differenzieren und dabei ein stabiles allodiploides Genom zu erhalten. Die Genexpressionsanalysen haben die einzigartigen Muster hoher oder niedriger elterlicher Ausprägung und biologischer Merkmale in diesen AdESCs aufgedeckt. Die Analysen der beiden Typen könnten zu einer effektiven Erforschung der molekularen Regulationsmechanismen der Merkmalsunterschiede zwischen den Arten führen. Zusätzlich folgen die X-Chromosomen in den interspezifischen hybriden Zellen dem Modell der spezifischen Inaktivierung des Maus-X-Chromosoms anstatt dem bei Säugetieren üblichen Modell der „zufälligen Inaktivierung". Mit dieser Eigenschaft hat die Studie systematisch die Maus-X-Inaktivierungsverhinderungs-Gene identifiziert. Dies ist der erste Fall von künstlich erzeugten interspezifischen hybriden Embryonalstammzellen in Form von stabilen Diploiden, was ein neues Modell und Werkzeug für die Forschung in der Evolutionsbiologie, Entwicklungsbiologie und Genetik bietet. Die Ergebnisse wurden 2016 in *Cell* veröffentlicht.

Unsere Wissenschaftler haben gesunde fruchtbare Mäuse durch haploide Zellfusion gezüchtet und gezeigt, dass die Interaktionen zwischen elterlichen Genomen vor dem Blastozystenstadium nicht notwendig für die Embryonalentwicklung sind, was eine neue Idee für die Entwicklungsbiologie und die Entwicklung der assistierten Reproduktionstechnologie bietet (Li et al. 2015). Präzise Prägungsmodifikationen auf den haploiden embryonalen Stammzellen können die „homosexuelle" Fortpflanzung ermöglichen (Li et al. 2016c). Geprägte Gene sind solche mit unterschiedlichen Expressionsmustern auf väterlichen und mütterlichen Chromosomen. Die haploiden Stammzellen sind geeignete Plattformen für die Forschung an geprägten Genen, da sie genetisches Material nur von väterlichen oder nur von mütterlichen Quellen haben und die Vorteile von ESC in der Genmanipulation besitzen. Mit den parthenogenetischen ESC als Plattform wurden die beiden väterlichen methylierten Prägungskontrollregionen ausgeschaltet. Durch die Reparatur des geprägten Genexpressionsmusters in der Region und die Injizierung der ausgeschalteten parthenogenetischen haploiden ESC in Eizellen wurden parthenogenetische Embryonen mit zwei Müttern erzeugt, und parthenogenetische Mäuse konnten mit relativ hoher Effizienz produziert werden. Die Studie hat einen neuen Weg für die Säugetierparthenogenese, eine neue Idee für die Tierreproduktions- und Zuchtforschung und auch eine neue Methode für die Erforschung von Prägungsanomalien und Behandlungsmethoden bereitgestellt.

(3) Genetisches Screening und Modifikationen mit der haploiden Stammzelltechnologie

Die „Befruchtungs“-Kapazität der haploiden Zellen nimmt mit der Passage der Zellen allmählich ab. Insbesondere nach der Genbearbeitung ist es schwierig, durch Injizierung in die Eizellen gesunde semigeklonte Mäuse zu erhalten. Mit der Unterstützung dieses MRP haben unsere Wissenschaftler gezeigt, dass die spermatidähnlichen haploiden Zellen (künstliche Spermatiden) durch das Löschen von H19-DMR und IG-DMR, die zwei väterlich geprägte Gene regulieren, erzeugt werden und dass sie erwiesenermaßen die Erzeugung von genetisch modifizierten semigeklonten Mäusen effizient unterstützen können. Wichtig ist, dass diese künstlichen Spermatiden, die eine CRISPR-Cas9-Bibliothek tragen, weiterhin verschiedene Mäuse mit unterschiedlichen Mutationen erzeugen können, was technologische Unterstützung für organismusweites genetisches Screening und für Modifikationen bei Mäusen bietet (Zhong et al. 2015). Es wurde weiterhin gezeigt, dass die haploiden Zellen aus den Eizellen nach dem Löschen von H19-DMR und IG-DMR ebenfalls die Fähigkeiten des künstlichen Spermiums haben, was die effektive parthenogenetische Entwicklung bei Säugetieren ermöglicht hat. Zusätzlich wurden parthenogenetische haploide ESC aus menschlichen Eizellen erzeugt (Zhong et al. 2016).

In haploiden Stammzellen kann CRISPR-Cas9 für die effiziente Behandlung von genetischen Krankheiten eingesetzt werden. Im Allgemeinen könnte zur Genbearbeitung die direkte Injektion des CRISPR-Cas9-Systems in Zygoten mit dem genetischen Defekt von Katarakten solch einen Defekt bei Mäusen heilen. Diese Methode hatte jedoch zwei Probleme: eine niedrige Rate der geheilten neugeborenen Mäuse (etwa 30 %) und eine gewisse Anzahl an Off-Target-Effekten (Wu et al. 2013). Um die Probleme zu lösen, haben unsere Wissenschaftler spermatogonale Stammzellen (SSC) erzeugt, die das homozygote Mutationsgen aus dem Hoden der Kataraktmäuse tragen, und eine Reihe von Zelllinien aus der einzelnen SSC-Expansion nach CRISPR-Cas9-vermittelter Korrektur des genetischen Defekts etabliert. Nach weiteren Analysen haben sie die SSC aus den Zelllinien, die das korrigierte Gen ohne Off-Target-Mutationen tragen und normale epigenetische Merkmale beibehalten, in Empfängerhoden transferiert, um gesunde Mäuse zu erzeugen. Ihre Ergebnisse haben eine neue Idee für die menschliche Gentherapie geliefert (Wu et al. 2015). Als die Arbeit erschien, wurde sie weltweit in *Cell* veröffentlicht und erhielt 7 Kommentare oder Sonderberichte in *Cell Stem Cell, Nature, Nature Review Genetics, Addgene Blog, Sci Bull, MIT Technology Review* sowie in *F1000*. Es wird angenommen, dass diese Studie gezeigt hat, dass „die CRISPR-Cas9-Technologie zur Behandlung von menschlichen genetischen Krankheiten eingesetzt werden kann“, was einen Boom der Gentherapien ausgelöst hat. Beide Arbeiten wurden in den *Percentiles for Papers Published by Field, 2006–2016* von Essential Science Indicators (ESI) als zu dem weltweit besten 1 % gehörend eingestuft.

3.2.2 *Erste Anwendung des Polkörpergenomtransfers zur Verhinderung der Übertragung vererbter mitochondrialer Krankheiten*

Unsere Wissenschaftler haben Polkörper als Spendergenome verwendet und sie in das Zytoplasma von gesunden Spendereizellen gelegt, um den Genomtransfer zu realisieren – d. h. die mitochondriale Ersetzung (Wang et al. 2014b). Diese Studie hat die Zellorganellen-Ersetzungstechnologie zusätzlich zur Stammzelltherapie entwickelt und bietet eine neue Strategie und einen neuen Weg zur Behandlung von refraktären Krankheiten. Die Studie wurde in *Cell* veröffentlicht und in *Nature* und *Nature Review Genetics* vorgestellt in den Artikeln „Assisted Reproductive Technologies to Prevent Human Mitochondrial Disease Transmission" und „Clinical Genetics: Mitochondrial Replacement Techniques under the Spotlight", worin festgestellt wird, dass die Erfindung „wichtig ist, um die Machbarkeit des Polkörpertransfers zu beweisen und die Effizienz der mitochondrialen Transfertherapie erheblich zu verbessern". Dr. Herman, Präsident des American College of Medical Genetics and Genomics (ACMG), lobte die Studie und glaubt, dass sie interessante Hypothesen, neue Entdeckungen und fortschrittliche Interventionsmittel für die mitochondriale Krankheitsintervention bereitgestellt hat. Die Human Fertilization and Embryology Authority (HFEA) des Vereinigten Königreichs veröffentlichte ein 45-seitiges "Review of the Safety and Efficacy of Polar Body Transfer to Avoid Mitochondrial Disease" als Referenz für die britische Öffentlichkeit und das Parlament, um die Änderung des Gesetzes zur Erlaubnis der „mitochondrialen DNA-Ersetzung" zu diskutieren. Laut diesem Review könnten die von chinesischen Wissenschaftlern erfundenen Polkörpertransfer-(PBT-)Techniken zur Verhinderung von mitochondrialen Krankheiten 5 Vorteile gegenüber maternalem Spindeltransfer (MST) und Pronukleartransfer-(PNT-)Techniken bieten, weil sie: die mtDNA-Übertragung reduzieren können; das Risiko, Chromosomen zurückzulassen (da diese alle im Polkörper verpackt sind), im Vergleich zu MST reduzieren; die Notwendigkeit vermeiden, zytoskeletale Inhibitoren zu verwenden, um die Entfernung der Spindel oder der Pronuklei aus der Patienten-Oozyte oder -Zygote zu ermöglichen; die Verwendung von konventionelleren Mikromanipulationsverfahren beinhalten, die das Risiko einer Beschädigung des Karyoplasten des Patienten oder der Oozyte/des Embryos des Spenders verringern und somit zu größerer Effizienz führen; die Möglichkeit eröffnen, sowohl PB1T und MST als auch PB2T und PNT durchzuführen, um die Erfolgschancen für jeden Patientenzyklus zu verdoppeln.

In der Vergangenheit war Chinas Forschung und Entwicklung der mitochondrialen Ersatztechniken, ein Bereich der biologischen Hochtechnologie mit internationalem Wettbewerb, nahezu eine Leerstelle. Die Erfindung des Polkörpertransfers für die mitochondriale Ersetzung hat uns zu einem weltweit führenden Land in diesem Forschungsbereich gemacht und zur technologischen Innovation beigetragen. Diese Forschung hat den zweiten Preis des National Science and Technology Award of China gewonnen und wurde 2014 als einer der Top-10-Fortschritte in der Wissenschaft in China ausgewählt.

3.2.3 *Das Wippenmodell der Abstammungsspezifizierer, die somatische Zellen zu iPSC induzieren*

Die traditionelle Technologie der induzierten pluripotenten Stammzellen (iPSC) besteht darin, die Pluripotenz durch Einbringung von pluripotenzassoziierten Genen in somatische Zellen herzustellen. Unsere Wissenschaftler haben herausgefunden, dass Abstammungsspezifizierer („lineage specifiers") die pluripotenzassoziierten Faktoren ersetzen können, um somatische Zellen in iPSC zu verwandeln. Basierend auf dieser neuen Entdeckung wurde ein „Wippenmodell" vorgeschlagen, um die Theorie der Zellschicksalsbestimmung aus einer neuen Perspektive zu erklären. Die Pluripotenz wird als Folge des Gleichgewichts verschiedener abstammungsspezifizierender Kräfte aufrechterhalten. Es könnte ein universelles Prinzip sein, die Reprogrammierung durch das Ausbalancieren solcher Kräfte zu bewirken. Zum ersten Mal haben unsere Wissenschaftler berichtet, dass alle 6 Mitglieder der GATA-Transkriptionsfaktor-Familie als Abstammungsspezifizierer OCT4, einen Yamanaka-Faktor, ersetzen könnten. Darüber hinaus haben sie herausgefunden, dass alle Mitglieder der GATA-Familie die Expression von Genen der ektodermalen Entwicklungslinien („ectodermal-lineage genes") hemmen könnten, was mit dem „Wippenmodell" übereinstimmt. Sie haben in der Folge festgestellt, dass das pluripotenzassoziierte Gen *Sall4* als Brücke dient, die den GATA-Transkriptionsfaktor mit dem Pluripotenzkreislauf verbindet (Shu et al. 2015). Bei der Reprogrammierung somatischer Zellen durch niedermolekulare Verbindungen in chemisch induzierte pluripotente Stammzellen (CiPSCs) wurde das dynamische „Wippenmodell" gefunden. Anders als bei der traditionellen transkriptionsfaktorinduzierten Reprogrammierung wird in der frühen Phase der Reprogrammierung die Expression von XEN-verwandten Genen durch kleine Moleküle ausgelöst, um die „Wippe" zu kippen und die Zellen in einen XEN-ähnlichen Zustand zu versetzen; in der späteren Phase der Reprogrammierung wird die Expression von Sox2 durch die Umstellung auf die Mäuse-ESC-Kulturbedingungen induziert, um die gekippte „Wippe" wieder in die Balanceposition zu bringen, sodass die Zellen in die Pluripotenz übergehen (Zhao et al. 2015b). Diese Ergebnisse haben darauf hingewiesen, dass das Wippenmodell ein universelles Modell ist, um das Zellschicksal zu ändern (Abb. 3.2).

3.2.4 *Sicherheitsbewertung traditioneller Methoden der iPSC-Induktion durch Yamanaka-Faktoren*

Frühere Studien zum somatischen Zellkerntransfer (SCNT) haben gezeigt, dass somatische Zellen reprogrammiert werden können und dass durch SCNT erzeugte Mäuse durch serielle Kerntransfertechnologie erfolgreich über mehr als 25 Generationen neu geklont werden können. Bei der iPSC-Induktion, einer weiteren klassischen Methode der somatischen Zellreprogrammierung, ist die Anzahl

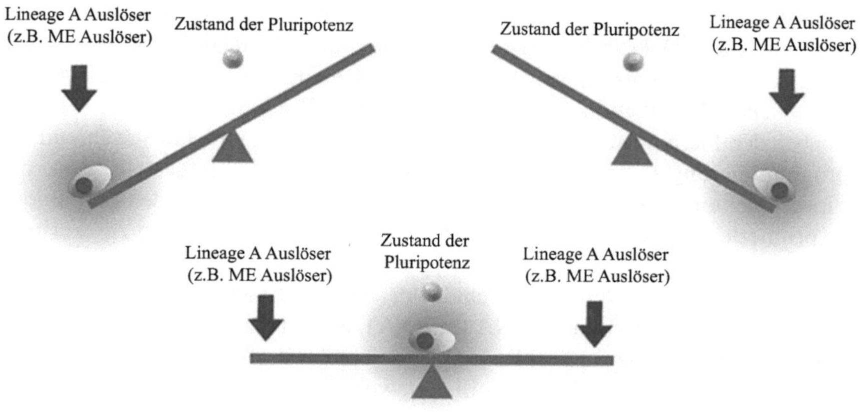

Abb. 3.2 Wippenmodell für die Induktion von Pluripotenz in somatischen Zellen von Mäusen mit Abstammungsspezifizierern („lineage specifiers") (Shu et al. 2015)

der Generationen von all-iPSC-Mäusen, die seriell mit diesem induzierbaren iPSC-System produziert werden können, jedoch nicht bestimmt. Seit der Einführung der iPSC-Technologie haben Wissenschaftler umfassende Bewertungen zur Sicherheit und Machbarkeit ihrer klinischen Anwendung vorgenommen und beurteilt, ob es Genmutationen und Auswirkungen auf das Entwicklungspotenzial gibt. Dies betrifft nicht nur die Zellqualität, sondern auch die Sicherheit zukünftiger Anwendungen. Unsere Wissenschaftler haben weltweit erstmals ein Tet-on-System verwendet, um die OSKM-iPSCs für bis zu 6 Generationen zu etablieren. Sie stellten fest, dass die Lebensfähigkeit der iPSC-Mäuse mit zunehmender Generation abnahm, hauptsächlich weil Mutationen sich im Laufe des sequenziellen Reprogrammierungsprozesses ansammelten. Dieser Befund legt nahe, dass iPSC, die durch traditionelle Methoden induziert werden, bestimmte Risiken aufweisen könnten. Die Ergebnisse wurden 2015 in *Nature Communications* veröffentlicht und von vielen Artikeln in *Cell Stem Cell* und anderen Zeitschriften zitiert.

3.2.5 Erforschung der Regulationsmechanismen der somatischen Zellreprogrammierung und Entdeckung neuer Regulatoren

Trotz der weiten Verbreitung der Methode der Yamanaka-Faktor-induzierten iPSC wissen wir wenig über die dynamischen Bindungsmodelle der Yamanaka-Faktoren in den reprogrammierten Zellen und über die Mechanismen ihrer Bindungen zur Regulierung von Transkriptomveränderungen und zur Bestimmung von Zellübergängen. Mit Unterstützung dieses MRP haben unsere Wissenschaftler den zentralen Pluripotenzfaktor Oct4 mit dem sekundären Reprogrammierungssystem und mit Hochdurchsatz-Sequenzierungstechnologien systematisch erforscht. Sie haben gezeigt, dass sich Oct4 in verschiedenen Stadien der somatischen Zellreprogrammierung in einer hierarchischen Weise an das Genom bindet und dabei gezielte epigenetische Modifikationen vornimmt; die Oct4-Bindung spielt eine wichtige Rolle bei der hierarchischen Aktivierung des Pluripotenzkreislaufs während der Reprogrammierung (Chen et al. 2016a). Zusätzlich wurde festgestellt, dass sich Pluripotenzfaktoren wie Oct4 an ESC-spezifische Promotoren binden und ubiquitär exprimierte Gene dazu bringen, stammzellspezifische Transkripte zu exprimieren (Feng et al. 2016).

Unsere Wissenschaftler haben entdeckt, dass N(6)-Methyladenosin-(m6A-) RNA-Methylierung durch microRNA (miRNA) reguliert wird und die Reprogrammierung zur Pluripotenz fördert. Bisher wurden mehr als 100 Arten von Modifikationen in eukaryotischen RNA identifiziert, von denen die m6A-RNA-Methylierung eine der am häufigsten vorkommenden Modifikationen von Boten-RNA (mRNA) in höheren Organismen ist. Die m6A-Modifikation ist beteiligt an der Regulation des Spleißens („splicing"), von Transport, Stabilität und Translationseffizienz von mRNAs und wird mit Fettleibigkeit, Krebs und anderen abnormalen physiologischen Funktionen und menschlichen Krankheiten in Verbindung gebracht. Unsere Wissenschaftler haben über die m6A-Modifikationsprofile in den mRNA-Transkriptomen von Maus-ESC, iPSC, neuralen Stammzellen (NSC) und testikulären Sertoli-Zellen (SC) berichtet und den Unterschied in der m6A-Verteilung zwischen pluripotenten und differenzierten Zelltypen identifiziert. Bioinformatische Analysen zeigten, dass die m6A-reichen Signatursequenzen bevorzugt komplementär mit microRNA-Sequenzen gepaart wurden. Mehrstufige Experimente der Zell- und Molekularbiologie zeigten, dass microRNA die m6A-Modifikation an den entsprechenden Stellen in den mRNA über einen Sequenzpaarungsmechanismus regulieren. Erhöhte m6A-Modifikationen verstärkten die Expressionen von *Oct4* und anderen Schlüssel-Pluripotenzregulationsgenen, um die Reprogrammierung von Maus-Fibroblasten zu pluripotenten Stammzellen zu fördern (Chen et al. 2015a). Die Ergebnisse haben einen neuen Mechanismus der microRNA-Regulation der mRNA-Methylierung durch Sequenzpaarung aufgedeckt und die wichtige Rolle der m6A-Modifikation hervorgehoben, die die Reprogrammierung somatischer Zellen zu pluripotenten Stammzellen fördert. Die Studie hat bahnbrechende Errungenschaften bei der Analyse des Mechanismus der Standortauswahl für m6A-Modifikationen erzielt, neue Funktionen von microRNA erweitert und neue Regulatoren der Zellreprogrammierung entdeckt. Sie wurde als Titelartikel in *Cell Stem Cell* veröffentlicht und als Featurebericht der Ausgabe „Stem Cell Highlights from Cell Press" sowie als einer der von *Abcam* monatlich ausgezeichneten Epigenetik-Artikel („Monthly Excellent Epigenetics Papers") ausgewählt.

Unsere Wissenschaftler haben entdeckt, dass die durch die E3-Ligase RNF20 vermittelte H2B-Ubiquitinierung die Chromatinentspannung in der frühen Phase der Zellreprogrammierung reguliert und die Rekrutierung von Gentranskriptionsfaktoren beeinflusst, was zur initialen Expression von pluripotenten Genen in der frühen Phase der Reprogrammierung führt. Nach der Depletion von RNF20 scheiterte die Etablierung des Pluripotenzgen-Netzwerks in der frühen Phase der Zellreprogrammierung. Darüber hinaus regulierte RNF20 in iPSC die DNA-Schadensreaktionen während der Replikation durch die H2B-Ubiquitinierung. Nach der Depletion von RNF20 konnten die während der Replikation in iPSC entstandenen DNA-Doppelstrangbrüche nicht durch homologe Rekombination repariert werden, was zu instabilen Genomen und schließlich zur Apoptose führte. Ein spezifisches Ausschalten von RNF20 in Keimzellen führte zu abnormaler Meiose und männlicher Unfruchtbarkeit (Xu et al. 2016).

3.2.6 Entdeckung neuer Signale zur Aufrechterhaltung der Selbsterneuerung von Stammzellen und der Entwicklungspluripotenz

Menschliche embryonale Stammzellen (hESCs) können sich selbst erneuern und in vitro in alle Zelltypen differenziert werden und haben daher ein breites Anwendungsspektrum in der Organregeneration und Zellersatztherapie. Die molekularen Mechanismen zur Aufrechterhaltung der Selbsterneuerung und Entwicklungspluripotenz von hESCs sind jedoch noch wenig verstanden, was sichere und effektive klinische Anwendungen von hESC-differenzierten Zellen verhindert. Daher ist es besonders wichtig, die Mechanismen zu erforschen, wie hESCs ihre eigenen Eigenschaften aufrechterhalten.

Durch ein genomweites Transkriptionsfaktor-siRNA-Screening von Transkriptionsfaktoren für die Selbsterneuerung von hESCs haben unsere Wissenschaftler eine Reihe von Genen identifiziert, die eine wichtige Rolle bei der Aufrechterhaltung der Identität von hESCs spielen. Prohibitin (PHB) hat eine einzigartige Rolle bei der Aufrechterhaltung der richtigen Histon-Methylierungsmodifikationen in hESCs, was die Selbsterneuerung von hESCs und die Reprogrammierung menschlicher somatischer Zellen unterstützt. Weitere Analysen zeigten, dass PHB mit den Histon-H3.3-Chaperon-HIRA-Komplexen interagierte und die Proteinlevel der HIRA-Komplex-Komponenten stabilisierte. Darüber hinaus regulierten PHB und HIRA in hESCs gemeinsam die genomweite H3.3-Anreicherung am Chromatin, insbesondere die Anreicherung von H3.3, das an der Regulierung an den Promotoren der Isocitrat-Dehydrogenase-(IDH-)Gene und deren Expressionen beteiligt ist, um die Produktion von α-Ketoglutarat (α-KG) zu steuern, einem Schlüsselmetaboliten, der das ESC-Schicksal reguliert. Dies führte zur Etablierung des korrekten Levels der Histon-Methylierung und zur Aufrechterhaltung der Selbsterneuerung der hESCs und ihrer epigenetischen Eigenschaften. Basierend auf diesen Erkenntnissen haben unsere Wissenschaftler einen epigenetisch-metabolischen Kreislauf für die Aufrechterhaltung der Identität von hESCs vorgeschlagen (Zhu et al. 2017).

Histon-Demethylasen spielen eine Schlüsselrolle bei der Etablierung und Aufrechterhaltung der Entwicklungspluripotenz, aber nicht alle von ihnen wurden identifiziert, und ihre Funktionen während der Prozesse bleiben unklar. Unsere

Wissenschaftler haben aufgedeckt, dass Jmjd1c/Kdm3c – H3K9-Demethylasen – die Aktivierung von MAPK/Erk-Signalweg und EMT durch die Regulation der Expression der miR-200- und miR-290/295-Familie hemmen können und dann die Selbsterneuerung von ESC und die Aufrechterhaltung der Entwicklungspluripotenz fördern. Während der Reprogrammierung somatischer Zellen reduzierte die Störung oder das Ausschalten der Jmjd1c-Expression die Reprogrammierungseffizienz erheblich, während die Überexpression der miR-200-Familie die Reprogrammierungseffizienz von Jmjd1c-null MEF teilweise wiederherstellen konnte. Dies hat eine neue Perspektive für die Etablierung und Aufrechterhaltung der Entwicklungspluripotenz eröffnet und eine theoretische Grundlage für die Anwendung von pluripotenten Zellen in der Zelltherapie und regenerativen Medizin gelegt.

BMP-Signalgebung erhöht durch nachgeschaltete Smad-Proteine die Expression der Phosphatase DUSP9 auf transkriptioneller Ebene, um das ERK-Protein zu dephosphorylieren und zu deaktivieren und so eine geringe ERK-Aktivität aufrechtzuerhalten, die den Zellen hilft, den Zustand der Selbsterneuerung und Nichtdifferenzierung aufrechtzuerhalten. Daher wird unter dem gemeinsamen Einfluss von BMP und LIF die ERK-Aktivität auf einem angemessenen Level gehalten, um die Maus-ESC im Status der Selbsterneuerung und Undifferenziertheit zu belassen. Die Ergebnisse haben einen wichtigen Einfluss auf das Verständnis des molekularen Mechanismus der Zellschicksalsbestimmung in Maus-ESC und legen eine Grundlage für weitere Forschungen in der regenerativen Medizin (Li et al. 2012b). Nach der Veröffentlichung wurden die Ergebnisse in *Nature Chemical Biology* vorgestellt und in *F1000* kommentiert.

3.3 Epigenetische Mechanismen im Zusammenhang mit Zelldifferenzierung und Transdifferenzierung, Ontogenese und Erkrankungen

3.3.1 Entdeckung der Schlüsselfaktoren zur Förderung der Transdifferenzierung von somatischen Zellen zu Hepatozyten

Unsere Wissenschaftler haben gezeigt, dass mit einem lentiviralen System adulte Mausschwanzspitzenfibroblasten erfolgreich zu funktionalen hepatozytenähnlichen (iHep-) Zellen durch Überexpression der Transkriptionsfaktoren FOXA3, HNFLA und GATA4 und Inaktivierung von p19 induziert wurden. Sie entdeckten, dass die Aktivierung von p53 der Schlüsselinhibitionsmechanismus der Dedifferenzierungsreprogrammierung (Abb. 3.3) war. iHep-Zellen könnten in die Mausleber integriert werden und in vivo Hepatozytenfunktionen erwerben. Darüber hinaus wurden keine Tumore in Fah−/−Mäusen oder nichtadipös-diabetischen/schwer-kombiniert-immundefizienten (NOD/SCID-) Mäusen mit transplantierten

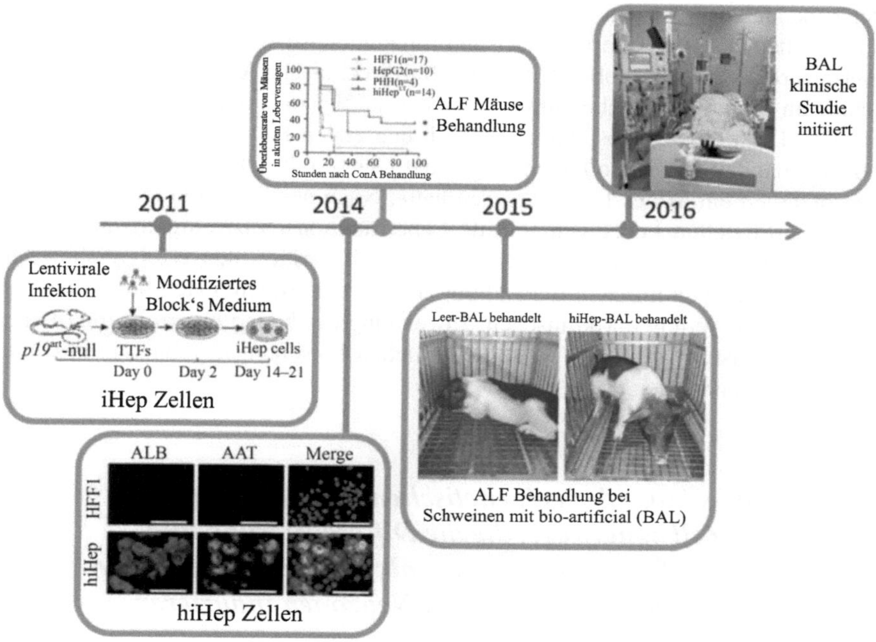

Abb. 3.3 iHep-Generierung und Anwendung (Huang et al. 2011; Shi et al. 2016)

iHep-Zellen gefunden, was weiterhin auf die Sicherheit von iHep-Zellen hinweist (Huang et al. 2011). Mit den Transkriptionsfaktoren FOXA3, HNF1A und HNF4A sowie SV40 Large T wurden menschliche embryonale Fibroblasten in erweiterbare menschliche hepatozytenähnliche Zellen (hiHep) umgewandelt. hiHeps haben ein ähnliches Genexpressionsprofil wie primäre menschliche Hepatozyten und zeigen Funktionen, die für Hepatozyten in vitro charakteristisch sind, insbesondere eine gute Gallenexkretionsfähigkeit, die für die Beurteilung der Gallenmedikamentenclearance in der Arzneimittelforschung verwendet werden könnte. Über die Arbeit wurde in *Cell Stem Cell* und *SciBX* berichtet, die glauben, dass hiHeps das Hindernis des Proliferationsstopps von differenzierten Zellen überwinden und dass die durch Transdifferenzierung gewonnenen funktionellen Hepatozyten einen aufregenden Schritt in Richtung der für die Arzneimittelforschung und Behandlung benötigten Hepatozyten gemacht haben. Die Arbeit wurde auch von *F1000* mit dem Kommentar empfohlen, dass mit der Methode in der Forschung funktionelle Hepatozyten in großem Maßstab erzeugt werden können – ein sehr wichtiger Fortschritt auf dem gesamten Gebiet. Sie wurde als eine der „Cell Press Papers of the Year 2014 China" ausgewählt.

Die weitere Forschung hat hiHeps in klinischen Maßstäben produziert und entwickelte ein bioartifizielles Lebergerät, das mit induzierten menschlichen funktionalen Hepatozyten implantiert wurde, um erfolgreich Miniaturschweine mit akutem Leberversagen (ALF) zu behandeln (Shi et al. 2016). Die Überlebensrate der behandelten Schweine war signifikant höher als die der Kontrollgruppe, und alle biochemischen Serumparameter und Entzündungsindizes kehrten auf normale Werte zurück, was eine solide Grundlage für die klinische Anwendung von hiHeps schuf. Im Januar 2016 haben unsere Wissenschaftler in Zusammenarbeit mit dem Nanjing Drum Tower Hospital erfolgreich den ersten Fall von akutem Leberversagen behandelt und einen Patienten gerettet, der seit 40 Jahren an Hepatitis B litt und plötzlich ein akutes Leberversagen hatte. Nach der Behandlung mit einer hiHep-bioartifiziellen Leber wurden alle Leberfunktionsindizes signifikant verbessert ohne jegliche Nebenwirkungen. Dieser Fall markiert den erfolgreichen Abschluss der ersten klinischen Behandlung mit der neuartigen hiHep-bioartifiziellen Leber. Die Förderung der klinischen Anwendung der hiHep-bioartifiziellen Leber wird die Transformation von wissenschaftlichen Forschungsergebnissen in China erheblich voranbringen.

3.3.2 Entdeckung der epigenetischen Mechanismen und Zellsignalwege, die die Differenzierung und Transdifferenzierung von embryonalen Stammzellen oder somatischen Zellen zu Neuronen induzieren

Die Histon-Modifikation steht in engem Zusammenhang mit der Gentranskriptionsregulation und spielt eine wichtige Rolle bei der Neurogenese. In der Epiblastenphase kann die Hemmung der Histon-Deacetylase-Aktivität die neurale Differenzierung von embryonalen Stammzellen erheblich unterdrücken und die Mesendodermdifferenzierung fördern, was auf eine wichtige Rolle der Histon-Deacetylierung in der Neuroentwicklung hinweist. Die Studie hat entdeckt, dass Histon-Deacetylase 1 (HDAC1) spezifisch an das *Nodal*-Gen bindet, und Histon-Deacetylase-Inhibitoren könnten die Expression von *Nodal* signifikant erhöhen. Die Aktivierung von *Nodal*-Signalen förderte das Mesendodermschicksal und hemmte die neurale Schicksalsbindung, was darauf hindeutet, dass HDAC1 die neurale Schicksalsbindung durch Unterdrückung der *Nodal*-Signalgebung in der Epiblastenphase sicherstellt (Liu et al. 2015). Die Acetylierung von H3K9 nahm während der Tage 0–4 der neuralen Differenzierung von embryonalen Stammzellen in vitro allmählich ab und nahm während der Tage 4–8 zu. Entsprechend nahm während der neuralen Differenzierung die Anreicherung der H3K9-Acetylierung im pluripotenzbezogenen genomischen Ort ab, während sie im neuroentwicklungsbezogenen Ort zunahm. Histon-Deacetylase-Inhibitoren können die Aktivität von HDAC3 hemmen, um die Expression von Pluripotenzgenen zu fördern und die Pluripotenz von menschlichen embryonalen Stammzellen aufrechtzuerhalten. Während der neuralen Differenzierung lindert der Histon-Deacetylase-Inhibitor die hemmenden Aktivitäten von HDAC1/5/8 und fördert damit die frühe Expression von Neuroentwicklungsgenen (Qiao et al. 2015a). Auch die Histon-Methylierung ist an der Regulation der neuralen Differenzierung beteiligt. Die Studie hat

KIAA1718 (KDM7A) als Histon-Demethylase mit doppelter Spezifität für H3K9 und H3K27 identifiziert. Das Transkriptionsniveau des *Fgf4*-Gens wird durch die Demethylierung von H3K9me2 und H3K27me2 positiv reguliert, um die neurale Differenzierung von embryonalen Stammzellen zu vermitteln. Es wurde gezeigt, dass das Enzym mit der Neuroentwicklung in Hühnerembryonen zusammenhängt (Huang et al. 2010). Darüber hinaus wurde festgestellt, dass die DNA-Demethylierung eine wichtige Rolle bei der Neurogenese spielt. Die Studie hat gezeigt, dass AF9 für die neurale Differenzierung und die Aktivierung von Neuroentwicklungsgenen bei hESCs notwendig und ausreichend ist. Die DNA-Dioxygenase TET2 konnte mit AF9 interagieren, und beide sind gemeinsam in 5-Hydroxymethylcytosin-(5hmC-)positiven Neuronen lokalisiert. Nachdem sie AAC-haltige Motive erkannt und an Zielgenpromotoren gebunden hatten, rekrutierte AF9 TET2, um ihre gemeinsamen nachgeschalteten Neuroentwicklungsgenorte zu besetzen und die Umwandlung von 5mC zu 5hmC zu steuern, gefolgt von einer sequenziellen Aktivierung der Expression dieser Neuroentwicklungsgene und der neuralen hESC-Bindung (Qiao et al. 2015b).

Die Behandlung von Erkrankungen des Nervensystems mit neuralen Stammzellen ist ein Forschungsschwerpunkt im Bereich der regenerativen Medizin. Die Induktion der Umwandlung von somatischen Zellen in neurale Stammzellen zeigt, dass somatische Zellen auch direkt in neurale stammzellähnliche somatische Stammzellen umgewandelt werden können, ohne zuerst einen pluripotenten Zustand durchlaufen zu müssen, was eine reichhaltige Bezugsquelle für Zellen zur Zelltherapie bietet. Unsere Wissenschaftler haben erfolgreich spezifische Faktoren *(Pax6, Ngn2, Hes1, Id1, Ascl1, Brn2, c-Myc und Klf4)* verwendet, um die Transdifferenzierung von Sertoli-Zellen zu neuralen Stammzellen zu induzieren. Diese induzierten neuralen Stammzellen (iNSCs) exprimierten normale neurale Stammzellmarker, und die Expression des gesamten Genoms war auch der von normalen neuralen Stammzellen sehr ähnlich. Funktionell konnten iNSCs die Selbsterneuerung aufrechterhalten und sich in Neurone mit verschiedenen elektrophysiologischen Funktionen differenzieren, wie dopaminerge Neurone, γ-Aminobuttersäure-Neurone und Acetylcholin-Neurone. Wichtig ist, dass die iNSCs normal überleben und synaptische Verbindungen mit den umgebenden Neuronen herstellen konnten, nachdem sie in den Gyrus dentatus des Hippocampus im erwachsenen Gehirn von Mäusen eingeführt wurden. Die Studie hat gezeigt, dass iNSCs eine Zellressource für die klinische Behandlung von neurodegenerativen Krankheiten und neuen Arzneimitteltests werden könnten (Sheng et al. 2012). Die Arbeit wurde als eine von „The Top 100 Most Cited Chinese Papers Published in International Journals 2012" ausgewählt und belegt den 13. Platz.

Es wurde festgestellt, dass die Überexpression der katalytischen Domäne der Demethylase TET2 in neuralen Vorläuferzellen (NPCs) das Astrogliogeneseprogramm aktivieren und gleichzeitig das Neurogeneseprogramm hemmen kann. Der Transkriptionsfaktor OLIGO2 kann sich direkt an den Promotor des TET2-Gens binden, um dessen Expression zu regulieren. In den frühen Stadien der embryonalen neuralen Entwicklung kann sich der Transkriptionsfaktor Ngn1 an den Promotor einer im Gehirn angereicherten Mikro-RNA, miR-9, binden, um die

Aktivierung des Jak-Stat-Pfads zu unterdrücken und die Astrogliogenese zu hemmen (Zhao et al. 2015a).

3.3.3 Entdeckung wichtiger krankheitsbezogener epigenetischer Modifikationen

Das Rett-Syndrom (RTT) wird durch Mutationen im X-chromosomalen *Mecp2*-Gen verursacht. Die Mausmodelle unterscheiden sich stark von klinischen Patienten, daher ist es schwierig, sie zur Förderung der Erforschung der Pathogenese und der Entwicklung neuer Behandlungsmethoden zu verwenden. Nichtmenschliche Primaten, wie Rhesus- und Javaneraffen, sind ideale Versuchstiere zur Untersuchung der Gehirnentwicklung und neurologischer Störungen, da sie bei den genetischen Hintergründen und Gehirnstrukturen viele Ähnlichkeiten mit Menschen haben. Anfang 2014 berichteten unsere Wissenschaftler erstmals weltweit über eine erfolgreiche TALEN-vermittelte Mutagenese des *Mecp2*-Gens in Affenmodellen. Die Ergebnisse wurden in *Cell Stem Cell* (Liu et al. 2014) veröffentlicht. Eine weitere Studie hat gezeigt, dass, im Gegensatz zu Nagetiermodellen, *Mecp2*-mutierte Affen eine Reihe von pathologischen und verhaltensbezogenen Merkmalen aufweisen, die den klinischen Manifestationen von RTT-Patienten ähneln. Angesichts ihrer unvergleichlichen Vorteile gegenüber Nagetieren könnten sie einen tiefgreifenden Einfluss auf die pathogenetischen Studien sowie die Entwicklung therapeutischer Interventionen für RTT in der Zukunft haben (Chen et al. 2017).

Unsere Wissenschaftler haben festgestellt, dass ein auf Lymphozyten beschränkter Transkriptionsfaktor, Aiolos, die höhergeordnete Chromatinstruktur des *p66Shc*-Gens verändert, um Enhancer-Promotor-Interaktionen zu stören und die *p66Shc*-Transkription zu unterdrücken, und somit Krebszellen dazu bringt, Anoikis zu umgehen und eine Fernmetastasierung durchzuführen. Sie haben eine neue Idee vorgestellt, dass Karzinomzellen einen auf Lymphozyten beschränkten Transkriptionsfaktor „kooptieren", um die Lymphozyteneigenschaften von geringer Adhäsion und Anoikis-Resistenz zu imitieren, um eine Fernmetastasierung zu realisieren. Sie haben auch die wichtige Rolle der höhergeordneten Chromatinstruktur als eine Art der epigenetischen Regulation bei der Tumorgenese demonstriert (Li et al. 2014b). Nach seiner Veröffentlichung wurde dies als hervorgehobener Artikel ausgewählt. In der gleichen Ausgabe schrieb Steven Frisch, ein Pionier in der Anoikis-Forschung, eine Vorschau auf den Artikel und kommentierte, dass er „provokante Beweise dafür liefert, dass Lungenkrebszellen einen hämatopoetischen Transkriptionsfaktor, Aiolos, nutzen, um sowohl Anoikis-Resistenz als auch Ankerunabhängigkeit zu fördern". Der Artikel „Update in Lung Cancer in 2014" im *American Journal of Respiratory and Critical Care Medicine*, veröffentlicht von Professor Charles A. Powell von der ISMMS in den USA, besagte, dass „die Entdeckung des Mechanismus, wie Tumorzellen hämatopoetische Zellsignale nutzen, eine neue vielversprechende Richtung für die Untersuchung der Pathogenese von Lungenkrebs eröffnet". Diese Forschung hat zwei chinesische

Erfindungspatente erhalten, von denen eines 2015 an die Beijing Biocytogen Co., Ltd. für die Umsetzung von Leistungen übertragen wurde.

Innerhalb der DNA-Methyltransferase-(DNMT-)Familie sind *DNMT3A* und *DNMT3B* verantwortlich für die De-novo-Methylierung. Während *DNMT3A* häufig in hämatologischen Malignomen mutiert ist, mutiert *DNMT3B* selten. Unsere Wissenschaftler haben seine Rolle bei der akuten myeloischen Leukämie (AML) in einem MLL-AF9-induzierten AML-Mausmodell untersucht. Die Deletion von *DNMT3B* beschleunigte den Fortschritt der MLL-AF9-Leukämie durch Erhöhung des Prozentsatzes der Leukämie-Stammzellen (LSCs) und Verbesserung des leukämischen Zellzyklus. Die Depletion von *DNMT3B* und *DNMT3A* förderte synergistisch die Leukämieentwicklung. Die Studie hat neue Einblicke in die Rollen der DNA-Methyltransferasen in der Leukämieentwicklung erbracht (Zhang et al. 2016).

Enhancer sind wichtige regulatorische Elemente, die die Genexpression steuern. Unsere Wissenschaftler haben festgestellt, dass die gemeinsam durch H3K4me3 und H3K27Ac markierten Enhancer überaktiv sein könnten und der Komplex, der RACK7 und KDM5C enthält, 2 potenzielle Tumorsuppressoren, ein negativer Regulator der Überaktivierung ist. RACK7, ein potenzieller Chromatinleser, und KDM5C, eine Histon-Demethylase, wirken zusammen als „Bremse" aktiver Enhancer, indem sie die Dynamik zwischen H3K4me1 und H3K4me3 an aktiven Enhancern kontrollieren. Der Verlust eines solchen Enhancer-Überwachungsmechanismus kann zu verändertem Zellverhalten führen, das zur Tumorentstehung beitragen kann (Shen et al. 2016).

Mit der TAB-Seq-Sequenzierungsmethode haben unsere Wissenschaftler die Reprogrammierungsmodelle und -regeln von 5mC und 5hmC in ccRCC in Einzelnukleotid-Auflösung untersucht und festgestellt, dass der Verlust von 5hmC – aber nicht von 5mC – ein empfindlicher prognostischer Marker für Nierenkrebs ist. Das Experiment mit Nacktmäusen zeigte, dass die Wiederherstellung des 5hmC-Spiegels das Tumorwachstum unterdrückte, was darauf hindeutet, dass 5hmC eher eine treibende Kraft für die Zellreprogrammierung bei Nierenkrebs ist als ein begleitendes Phänomen. Dies legt nahe, dass 5hmC als neuer epigenetischer Marker für die prognostische Überwachung von Nierenzellkarzinomen und als therapeutisches Ziel dienen kann (Chen et al. 2016b).

Es wurde festgestellt, dass die Stabilisierung der Histon-Demethylase PHF8, die durch die Deubiquitinase USP7 vermittelt wird, eine zelluläre Resistenz gegen DNA-Schäden verleiht und die Brustkarzinogenese fördert (Wang et al. 2016). Die Ergebnisse wurden im *Journal of Clinical Investigation* veröffentlicht und in den „Editor's Picks" der Ausgabe ausgewählt. Zusätzlich wurden Mutationen in PHF8 gefunden, die eine wichtige Rolle bei der Diagnose von X-chromosomaler geistiger Behinderung und anderen Krankheiten spielen (Yu et al. 2010).

Frühere Studien haben gezeigt, dass der transkriptionale Mediator die basale Transkriptionsmaschinerie mit der RNA-Polymerase II für eine präzise transkriptionale Kontrolle orchestriert. Der Mediatorkomplex ist bekannt dafür, die Transkriptionsinitiation und -elongation zu regulieren, aber über seine Rolle bei histonmodifizierenden Enzymen und posttranslationaler Proteinmodifikation wurde noch nicht berichtet. Die Studie hat gezeigt, dass die Mediatoruntereinheit Med23 spezifisch die H2B-Mono-Ubiquitinierung (H2Bub) reguliert, um die Transkription spezifischer Gene zu steuern, was eine wichtige Rolle bei der Zellschicksalsbestimmung spielt. Es wurden ein neuer Mechanismus der Transkriptionselongationsregulation und die neue Funktion in der Zellschicksalsbestimmung demonstriert. Die Ergebnisse wurden in einer bekannten internationalen Zeitschrift als Titelartikel veröffentlicht und von Fachkollegen hoch gelobt.

Der Tumorsuppressor FoxO1 ist ein Schlüsselprotein zur Induktion der Autophagie. FoxO1 im Zytoplasma bindet sich an die Histon-Deacetylase SIRT2, um inaktiv zu bleiben. Als Reaktion auf Stress wird FoxO1 durch Dissoziation von SIRT2 acetyliert und aktiviert. Das aktivierte FoxO1 bindet sich spezifisch an ATG7, ein Schlüsselprotein der Autophagie, um den Autophagieprozess zu induzieren. Sowohl Tierexperimente als auch die Studie an klinischen Tumorproben haben gezeigt, dass die durch zytoplasmatisches FoxO1 induzierte Autophagie ein kritischer Faktor für die antineoplastische Wirkung von FoxO1 sein könnte. In diesem Ergebnis wurde die Histon-Deacetylase mit epigenetischen Modifikationen mit der Autophagie und Antikrebsaktivität verknüpft. Dies wurde in *Nature Cell Biology* veröffentlicht (Zhao et al. 2010).

Die Telomerregulation und die mit dem Zellstoffwechsel verbundene mitochondriale Funktionsregulation wurden lange als zwei unabhängige Wege für die Zellalterung betrachtet. TIN2 wird zu Telomeren rekrutiert und verbindet sich mit mehreren Telomerregulatoren, einschließlich TPP1. TPP1 interagiert mit dem N-Terminus von TIN2 und kontrolliert dessen Lokalisierung. Unsere Wissenschaftler haben entdeckt, dass das telomerische Protein TIN2, neben seinen wichtigen Rollen in den Telomerfunktionen, posttranslational in Mitochondrien verarbeitet wird und die mitochondriale oxidative Phosphorylierung reguliert. Die Reduzierung der TIN2-Expression durch RNAi-Knockdown hemmte die Glykolyse und die Produktion reaktiver Sauerstoffspezies (ROS) und erhöhte die ATP-Spiegel und den Sauerstoffverbrauch in den Zellen. TIN2 könnte sich in den Telomeren und den Mitochondrien befinden, was von TPP1 reguliert wird. Bei diesen Ergebnissen wurde eine direkte Verbindung zwischen telomerischen Proteinen und metabolischer Kontrolle vorgeschlagen, was einen weiteren wichtigen Mechanismus bietet, durch den telomerische Proteine Krebs und Alterung regulieren. Die Studie wurde in *Molecular Cell* als Titelartikel veröffentlicht mit dem Titel „Mitochondriale Lokalisierung des telomerischen Proteins TIN2 verknüpft Telomerregulation mit metabolischer Kontrolle".

Kraniofaziale Knochen stammen aus der Entwicklung und Differenzierung von kranialen Neuralleistenzellen, die die Prozesse ihrer Schicksalsbestimmung, Migration und Differenzierung beinhalten. Anomalien in irgendeinem Glied könnten zu kraniofazialen Deformitäten führen. Mehrere BMP-Liganden werden in den aus dem Endoderm stammenden Pharynxtaschen im Pharyngealbereich exprimiert, und ihr Antagonist Noggin3 wird in den chondrogenen Vorläufern neben der Tasche exprimiert. Die Studie hat herausgefunden, dass miR-92a im Pharyngealbereich von Zebrafischen exprimiert wird und dazu beiträgt, die Signalgebung von BMP, einem Protein, das an der Pharyngealknorpelbildung beteiligt ist, aufrechtzuerhalten, um seine normale Entwicklung zu gewährleisten. Diese Arbeit hat nicht nur die wichtige Rolle von miR-92a bei der Knorpelentwicklung aufgezeigt, sondern auch weiter darauf hingewiesen, dass BMP-Signale streng reguliert werden müssen und dass eine höhere oder niedrigere Aktivität als das physiologische Niveau zu schweren Entwicklungsdefekten führen würde. (Ning et al. 2013). Die Entdeckung wurde empfohlen in *F1000,* das glaubt, einen neuen molekularen Mechanismus entdeckt zu haben, der zu kraniofazialen Deformitäten führt und es wert ist, in Lehrbüchern beschrieben zu werden.

3.4 Erstellung von epigenetischen Karten zur Aufdeckung der Eigenschaften und Regeln der epigenetischen Modifikationen während der embryonalen Entwicklung

Die epigenetischen Karten wurden mit Hochdurchsatzdatenerfassung erstellt, um die Eigenschaften von epigenetischen Modifikationen während der frühen embryonalen Entwicklung verschiedener Arten und die Regeln der genetischen Evolution aufzudecken, was unser Verständnis der Ursprünge und der Evolution von epigenetischen Netzwerken bereichert hat.

3.4.1 Entdeckung von Verteilungs- und Veränderungsregeln genomweiter Histon-Modifikationen in Präimplantationsembryonen

Epigenetisches Remodeling ist entscheidend bei der Reprogrammierung von hoch spezialisierten Gameten während der Befruchtung und Embryoentwicklung. Die Änderungen in diesen epigenetischen Modifikationen sind Schlüsselaspekte für die Aktivierung des embryonalen Genoms und die erste Zellliniendifferenzierung. Die posttranskriptionale Modifikation von Histonen reguliert direkt die Aktivierung oder die Stummschaltung der Genexpression. In frühen Studien mit Immunfluoreszenzfärbungsmethoden haben die meisten Histon-Modifikationen offensichtliche Veränderungen während der Präimplantationsembryonalentwicklung durchlaufen, und abnormale Expression oder Löschung einiger Enzyme, die die Histon-Modifikation regulieren, führten zu abnormaler embryonaler Entwicklung oder sogar zum Tod der Präimplantationsembryonen. Diese Studien haben darauf hingewiesen, dass die Veränderungen in den epigenetischen Modifikationen während der frühen embryonalen Entwicklung eine entscheidende Rolle spielen. Es bleibt jedoch schlecht verstanden, wie die Histon-Modifikationen in Präimplantationsembryonen sich im Genom verteilen und sich verändern und wie sie die Expression von embryonalen Genen und die erste Differenzierung des

Zellschicksals regulieren. Mit der neuesten Mikrokokken-Nuklease-basierten nativen Chromatinimmunopräzipitations-(ULI-NChIP-)Methode mit ultraniedrigem Input ("ultra-low-input micrococcal nuclease-based native chromatin immunoprecipitation method") hat die Studie die Veränderungen der Histone H3K4me3 und H3K27me3, die mit Genaktivierung und -repression verbunden sind, während der Stadien der Präimplantationsentwicklung des Mausembryos erfasst. Dies ist die erste systematische genomweite Karte der Histon-Modifikationen von Präimplantationsembryonen von Mäusen. Sie hat die Etablierung von H3K4me3- und HK-27me3-Modifikationen während der Präimplantationsentwicklung des Embryos aufgezeigt und festgestellt, dass der breite H3K4me3-Bereich eine wichtige Rolle bei der Genexpressionsregulation während der Präimplantationsentwicklung spielt (Liu et al. 2016).

Es ist erwähnenswert, dass eine andere Studie, die durch dieses MRP finanziert wurde, in der gleichen Ausgabe von *Nature* veröffentlicht wurde. In diesem „Back-to-back"-Papier wurde über eine nichtkanonische Form von H3K4me3 in untranskribierten Oozyten, Einzelzell- und frühen Zweizellembryonen vor der Genomaktivierung berichtet, die als breite Peaks in Nichtpromotorregionen auftreten, einschließlich der Intergen-Regionen. Durch Herunterregulierung von H3K4me3 in Oozyten mithilfe von Überexpression der Demethylase KDM5B haben die Forscher unerwartet gefunden, dass nichtkanonisches H3K4me3 notwendig ist für die Genomstummschaltung (aber nicht für die Aktivierung) während der Oogenese (Zhang et al. 2016). Der in der gleichen Ausgabe von *Nature* veröffentlichte Kommentar mit dem Titel „Developmental Biology: Panoramic Views of the Early Epigenome" (Panoramablick auf das frühe Epigenom) hat darauf hingewiesen, dass diese Studien die Änderungen in Histon-Modifikationen nach der Befruchtung und während der frühen Embryonalentwicklung, die Offenheit des Chromatins bei der Regulation der Genexpression und die Vererbung epigenetischer Informationen von den Eltern auf die Nachkommen detailliert beschreiben. Diese Erkenntnisse sind von großer Bedeutung für die Forschung der abnormalen Embryonalentwicklung und für die Verbesserung der Erfolgsrate der assistierten Reproduktionstechnologie, was Patienten mit wiederholten Abtreibungen, Embryoschäden und Unfruchtbarkeit zugutekommen wird. Sie symbolisieren, dass China in den entsprechenden Bereichen Forschungsergebnisse mit weltweitem Einfluss erzielt hat. Die Studie wurde als einer der 10 wichtigsten Forschungsfortschritte Chinas in den Biowissenschaften im Jahr 2016 von der China Union of Life Science Societies ausgewählt.

3.4.2 Etablierung von Einzelzelltranskriptom-Sequenzierung und -Analysewerkzeugen

Die Einzelzell-RNA-Sequenzierung (SCRS) ist eine leistungsstarke Technik zur Analyse der genomischen Expression in Einzelzell- oder Mikro-RNAs. Verglichen mit der Mikroarray-Technologie kann SCRS mehr Transkriptome auf eine sensiblere Weise detektieren. Sie kann mehrere Transkripte desselben Gens und ihre entsprechenden Proteintypen analysieren und auch neue Spleißstellen in bekannten Genen detektieren. Sie zeichnet sich durch hohe Genauigkeit und geringes Rauschen aus. SCRS hilft, die detaillierten Veränderungen während der Zellprogrammierung und der Reprogrammierung der Differenzierung genau darzustellen. In den letzten Jahren haben Forscher begonnen, diese Technik zu nutzen, um das Engpassproblem durch kleine Anfangsprobenmengen zu überwinden. Durch die selbst entwickelte Einzelzelltranskriptom-Analysetechnik und die gewichtete Gen-Koexpressionsnetzwerkanalyse (WGCNA; "weighted gene co-expression network analysis") haben unsere Wissenschaftler molekulare Eigenschaften von CD133+/GFAP-Ependymal-(E-)Zellen in der neurogenen Zone des adulten Mausvorderhirns aufgedeckt. Herausragende Hub-Gene des genetischen Netzwerks, die einzigartig für ruhende ependymale CD133+/GFAP-Zellen sind, waren angereichert mit immunreaktiven Genen sowie Genen, die Rezeptoren für angiogene Faktoren kodieren. Die Anwendung von vaskulärem endothelialen Wachstumsfaktor (VEGF) aktivierte CD133+ependymale neurale Stammzellen (NSCs), die sowohl die lateralen als auch die vierten Ventrikel auskleiden, und löste zusammen mit dem basischen Fibroblasten-Wachstumsfaktor (bFGF) die anschließende neurale Liniendifferenzierung und -migration aus. Diese Studie hat das Vorkommen von ruhenden ependymalen NSCs über die gesamte ventrikuläre Oberfläche des zentralen Nervensystems (ZNS) aufgedeckt sowie die für ihre Aktivierung reichlichen Signale nach ZNS-Verletzungen (Luo et al. 2015). Mit sowohl der Patch-Clamp-Aufzeichnung als auch den Einzelneurontranskriptom-Analysen hat eine weitere Studie die molekularen Marker der neuralen Reifung und ihre Beziehungen mit dem Energiestoffwechsel identifiziert (Chen et al. 2016c). Die hepatische Stammzelllinie und die Aktivierungsmechanismen wurden mit der Einzelzelltranskriptom-Analyse aufgedeckt.

3.4.3 Etablierung von genomweiten Methylierungsprofilen zur Aufdeckung der Vererbungs- und Evolutionsregeln von epigenetischen Modifikationen

Mit der Unterstützung dieses MRP haben unsere Wissenschaftler mithilfe von MethylC-Seq die Seidenraupe *Bombyx mori* untersucht, die einen geringen Methylierungsgrad aufweist, und das Methylom ihrer Seidendrüse in Einzelbasenauflösung erstellt (Xiang et al. 2010). Die Studie hat das erste Insektenepigenom erzeugt, die Existenz von epigenetischen Mechanismen bei Insekten und ihre wichtige funktionale Bedeutung bestätigt, das langjährige unklare Verständnis des epigenetischen Systems von Insekten geklärt und Forscher dazu angeregt, die Forschung zur Insekten-DNA-Methylierung und zu ihren Funktionen neu zu überdenken. Seit ihrer Veröffentlichung wurde sie über 170-mal zitiert. Über die Studie wurde in *Nature China* als Highlight und in *Nature Asia-Pacific* unter dem Titel

„Threading Together a Map of Silkworm DNA Modifications“ als Forschungshighlight berichtet. Sie erhielt auch eine Rezension in *Nature China* mit dem Titel „Epigenetics, Few and Far Between“, in der geschrieben wurde, dass „diese Arbeit zeigt, dass die Evolution von Insekten aus der Perspektive der Epigenetik verstanden werden kann und die Forschungsergebnisse wertvolle Daten für die Erforschung der Auswirkungen der Epigenetik auf die Domestizierung der Seidenraupe liefern.“ Seit der Veröffentlichung wurde die Studie in 3 englischen Monographien zitiert: *Epigenetic Genetic Regulation and Epigenomics, Insect Molecular Biology and Biochemistry* und *Honeybee Neurobiology and Behavior: A Tribute to Randolf Menzel.*

Die DNA-Methylierung als wichtiger epigenetischer Mechanismus zur Regulation der Genexpression beeinflusst eine Reihe biologischer Prozesse, wie die Zellschicksalsbestimmung, Entwicklung und Aufrechterhaltung der Homöostase von Geweben und Organen. Ihre Modifikationen, einschließlich 5-Methylcytosin (5mC), N6-Methyladenin (6mA) und N4-Methylcytosin (4mC), wurden in der genomischen DNA von Bakterien und Eukaryoten gefunden. 5mC und seine Derivate während der Demethylierung, 5hmC, gelten als eine Art von methylierter Base in der genomischen DNA von Säugetieren. Im Gegensatz zu 5mC ist 6mA in Prokaryoten und einigen niederen Eukaryoten, insbesondere Bakterien, in großer Menge vorhanden. Es spielt eine wichtige Rolle bei der Kontrolle einer Reihe von biologischen Funktionen, wie DNA-Replikation und -Reparatur, Genexpression und Wirt-Pathogen-Interaktionen. Unsere Wissenschaftler haben gezeigt, dass 6mA im Drosophila-Genom vorhanden ist (Zhang et al. 2015) und dass die 6mA-Modifikation während der frühen Embryogenese präzise durch das Drosophila-TET-Homolog, DNA-6mA-Demethylase (DMAD), reguliert wird. Die Studie hat eine neue DNA-Modifikation in Eukaryoten aufgedeckt, was sie zu einem originären Durchbruch in der epigenetischen Forschung macht.

Mithilfe von MethylC-Seq haben unsere Wissenschaftler genomweite DNA-Methylome mit Einzelbasenauflösung in Gameten und frühen Embryonen von Zebrafischen gemessen (Abb. 3.4) und die Regeln ihrer Vererbung von den Eltern auf die Nachkommen (Jiang et al. 2013) untersucht. Die Studie hat festgestellt, dass die väterliche DNA das Spermienmethylom stabil beibehält; bei der mütterlichen DNA wird das Oozytenmethylom allmählich verworfen und zu einem Muster reprogrammiert, das dem des Spermienmethyloms ähnlich ist; das Spermienmethylom erleichtert die epigenetische Regulation der Embryogenese. Diese Entdeckung hat die traditionelle Ansicht herausgefordert, dass „die Mehrheit der Informationen für die frühe embryonale Entwicklung in der Eizelle gespeichert ist und Spermien nur einen Satz von DNA tragen“. Diese Studie über die Methylierungsvererbung bei Zebrafischen hat gezeigt, dass neben DNA, die vererbt werden kann, die epigenetische Information (DNA-Methylom) auch vollständig an die Nachkommen vererbt werden kann. Bei der Veröffentlichung der Studie publizierte *Cell* eine Vorschau mit dem Titel „Jenseits der DNA: Programmierung und Vererbung von elterlichen Methylomen“. Die Vererbung der epigenetischen Information an die Nachkommen bedeutet, dass die Variation der epigenetischen Information eine wichtige Rolle bei der Regulation der Tierentwicklung, des Phänotyps und sogar von

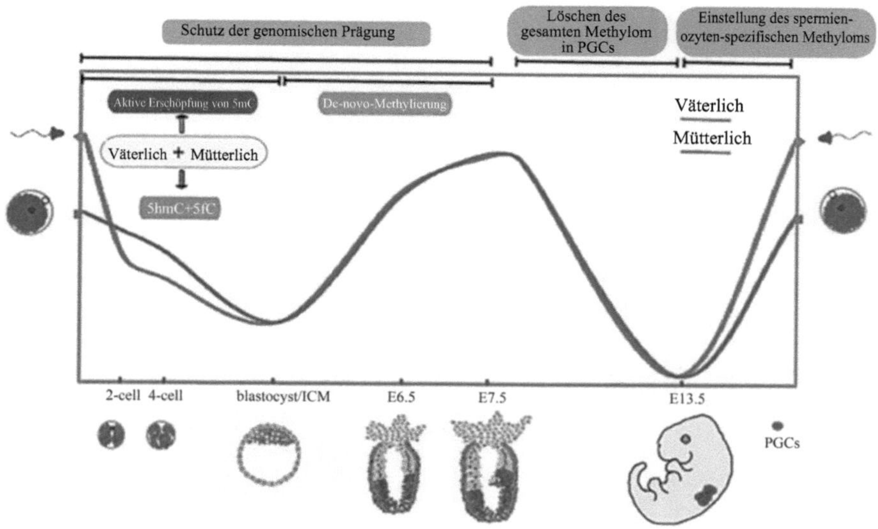

Abb. 3.4 Aktive Demethylierung der mütterlichen und väterlichen Genome bei Säugetieren (Wang et al. 2014a)

Krankheiten spielen kann, genau wie die der genetischen Information. Nach der Veröffentlichung der Studie stammte ein Viertel ihrer Zitierungen aus dem Bereich der Evolution, und sie löste neue Überlegungen darüber aus, ob die epigenetische Information eine treibende Rolle in der Evolution spielt. In der Zwischenzeit hat die Studie über die Reprogrammierung der DNA-Methylierung bei Säugetieren ergeben, dass die Oxidationsprodukte der Methylierung sowohl im mütterlichen als auch im väterlichen Genom während der frühen Entwicklung vorhanden sind, sodass beide DNA-Methylome eine aktive Demethylierung durchlaufen. Diese Entdeckung hat das langjährige Verständnis verändert, dass das mütterliche Genom durch passive Verdünnung während der frühen embryonalen Entwicklung bei Säugetieren demethyliert wird.

Kapitel 4
Ausblick

Gang Pei, Yongfeng Shang, Fanglin Sun, Zuoyan Zhu, Runsheng Chen, Xiaofeng Cao und Zhen Xi

Die Epigenetik hat sich seit den späten 1980er-Jahren herausgebildet. Im 21. Jahrhundert entwickelt sich diese neue Disziplin mit den Fortschritten der technologischen Mittel in einer noch nie dagewesenen Geschwindigkeit. Immer mehr Biophysiker, Entwicklungsbiologen, Chemiker, Bioinformatiker und Genetiker beteiligen sich an der Erforschung der Epigenetik. Mit Blick auf die internationalen Grenzbereiche und Entwicklungstrends dieser Disziplin wenden sie prompt die neuesten Forschungsideen und technischen Mittel verwandter Disziplinen auf die epigenetische Forschung an und haben unser umfassendes Verständnis des epigenetischen Systems stark verbessert. Mit der Förderung dieses MRP haben chinesische Gelehrte große Fortschritte in den Bereichen molekulare Grundlagen der Epigenetik und theoretische Innovation der Zellreprogrammierung gemacht und signifikant zur umfassenden sprunghaften Entwicklung der epigenetischen Forschung in China beigetragen.

G. Pei (✉) · F. Sun
Tongji Universität, Shanghai, China
E-Mail: ru.zhang@tongji.edu.cn

Y. Shang
Hangzhou Normal University, Hangzhou, Zhejiang, China

Z. Zhu
Institut für Hydrobiologie, Chinesische Akademie der Wissenschaften, Wuhan, China

R. Chen
Institut für Biophysik, Chinesische Akademie der Wissenschaften, Peking, China

X. Cao
Institut für Genetik und Entwicklungsbiologie, Chinesische Akademie der Wissenschaften, Peking, China

Z. Xi
Nankai Universität, Tianjin, China

G. Pei (Hrsg.), *Epigenetische Mechanismen der Zellprogrammierung und Zellreprogrammierung*, https://doi.org/10.1007/978-3-662-69311-7_4

Derzeit erlebt die Forschung zur Zellreprogrammierung eine rasche Entwicklung, es gibt bedeutende Durchbrüche sowohl im Prinzip als auch in der Technologie in vielen Richtungen, mit aufkommenden Hotspots und schnellen Veränderungen. Neben den Yamanaka-Faktoren OSKM haben Wissenschaftler weitere Pluripotenz-Reprogrammierungsfaktoren gefunden, wie NANOG, PRDM14, SALL4, ESRRB, UTFL1, TET2 und GLIS1. Um zu verhindern, dass die exogenen Gene in das Genom der Zielzellen integriert werden, und um die Sicherheit des Systems zu verbessern, haben unsere Wissenschaftler erhebliche Fortschritte bei der somatischen Zellreprogrammierung und Zelltransdifferenzierung mit nichtviralen Vektoren, RNAs, Transmembranproteinen und kleinen chemischen Molekülen erzielt. Gleichzeitig erlebt die epigenetische Forschung in der Zellreprogrammierung eine rasche Entwicklung. Der erfolgreiche somatische Zellkerntransfer bei Primaten hängt von der Verwendung epigenetischer Faktoren ab. Allerdings konzentriert sich die aktuelle Forschung auf die Entdeckung und die funktionelle Überprüfung von Schlüsselfaktoren, und das Verständnis der Chromosomendynamik in reprogrammierten Zellen, die Veränderungen in Zellepigenomen und in regulierten Transkriptomen sowie die Mechanismen zur Bestimmung von Zellschicksalsübergängen bleiben unklar. In diesem Kontext sollten unsere Wissenschaftler die Gelegenheiten nutzen, weiterhin die interdisziplinären Vorteile voll ausschöpfen und die Technologien, Strategien und Erfahrungen, die in der Forschung von Biomakromolekülstrukturen, Einzelzell-Omics und Geneditierung angesammelt wurden, auf die Erforschung der Zellreprogrammierung und Epigenetik anwenden. Mit Konzentration auf die Grenzfragen der Biowissenschaften sollten wir neue Technologien und Methoden entwickeln und die Schwerpunkte in der epigenetischen Forschung vorantreiben, um von einem einzelnen Molekül zu mehreren Molekülen, von einem einzelnen Typ zu mehreren Typen von Modifikationen, von qualitativ zu quantitativ, von einfachen zu komplexen Systemen zu gelangen. Wir sollten die Effizienz und die Qualität der Zellreprogrammierungsprozesse verbessern, qualitative Sprünge in der Theorieentwicklung und der technologischen Innovation in den Biowissenschaften machen, neue Richtungen eröffnen und eine strahlende Zukunft für die Behandlung von menschlichen Krankheiten bringen.

4.1 Richtungen in Chinas epigenetischer Forschung, die gestärkt werden sollten

Wir müssen die folgenden schwachen Forschungsrichtungen in der Epigenetik in China stärken:

1. Wir sollten die Forschung zur epigenetischen Regulation der Zelldifferenzierung, der Gewebehomöostase und der Mechanismen der Organentwicklung und -regeneration verstärken; und wir sollten uns auf die Aufklärung der

molekularen Mechanismen konzentrieren, durch die epigenetische Faktoren Veränderungen der intra- und extrazellulären Umgebung und Signale zur Regulierung des Zellschicksals integrieren.
2. Wir sollten die Forschung zu den pathogenen Mechanismen der epigenetischen Regulation in relevanten Hauptkrankheiten verstärken, krankheitsbezogene Epigenomkarten erstellen und die interdisziplinäre Zusammenarbeit mit der klinischen Medizin verstärken.
3. Wir sollten die Vorteile der Artenvielfalt in China nutzen, um neue Modellorganismen zu entwickeln. Wir sollten die Mechanismen der epigenetischen Faktoren für das Lernen, Gedächtnis, soziales Tierverhalten und die intergenerationale Vererbung von erworbenen Eigenschaften studieren, neue epigenetische Phänomene entdecken und die Regulationsmechanismen der epigenetischen Faktoren für Genomstabilität und biologische Merkmale aus der Perspektive der Evolution der Arten erforschen.

4.2 Strategische Erfordernisse der epigenetischen Forschung in China

Epigenetische Regulation spielt eine entscheidende Rolle bei der Entwicklung von komplexen Zuständen wie Krebs, Diabetes, psychischen Erkrankungen, Nervensystemerkrankungen und Erkrankungen des Fortpflanzungssystems. Die geordneten Reaktionen des individuellen Lebens auf Umweltfaktoren (einschließlich Ernährung, Physik, Chemie und Psychologie) hängen weitgehend von der effektiven Funktion epigenetischer Regulationsnetzwerke ab. Epigenetische Regulation spielt auch eine wichtige Rolle bei der Pflanzenentwicklung, Widerstandsfähigkeit und Ausbildung von Heterosis. Die biologische Grundlagenforschung in der Epigenetik hilft, die Pathogenese relevanter komplexer Krankheiten, Mittel und Intensität individueller Reaktionen auf Umweltveränderungen und die Regulationsmechanismen der Pflanzenentwicklung und -zucht besser zu verstehen, und legt eine Grundlage für uns, um neue Behandlungsmethoden und originäre Medikamente für spezifische Krankheiten zu entwickeln, den individuellen Überlebensstatus zu verbessern und die Qualität der landwirtschaftlichen Produktion und Lebensmittelsicherheit zu erhöhen.

Durch die Umsetzung dieses MRP hat China ein international führendes Forschungsteam aufgebaut und etabliert, das alle wichtigen Richtungen der epigenetischen Forschung abdeckt und dessen vielfältige Leistungen seine Stärke auf dem Gebiet der epigenetischen Forschung belegen. In Zukunft ist es notwendig, dass China diese Forscher weiter unterstützt und das Epigenetikteam stabil hält. Dies ist nicht nur entscheidend für China, um seinen internationalen Status in diesem Bereich zu erhalten, sondern auch, um die Entwicklung der nationalen Wirtschaft und des Lebensstandards der Bevölkerung zu unterstützen.

4.3 Konzepte und Vorschläge für weitere Forschungen

Auf der Grundlage der Errungenschaften und Zusammenfassungen dieses MRP stellt die Forschungsgruppe die folgenden Forschungskonzepte vor.

Die Konvergenz zwischen Chromatinbiologie und Physik, Materialchemie und computergestützter Biologie muss gefördert werden, um Durchbrüche in der Methodik zu erzielen, um in situ Echtzeitmessung und die Verfolgung von Chromatinmorphologie und Chromatinstrukturen höherer Ordnung auf Einzelzellebene zu realisieren und die Epigenomforschung auf Einzelzellebene durchzuführen. Dies ist von Bedeutung für die Studien zur Etablierung epigenetischer Informationen, zur Zellschicksalsregulation und zu den Reaktionen auf Umweltveränderungen.

Die Konvergenz zwischen Epigenetik und Chemie, Pharmazie und computergestützter Biologie muss vertieft werden, um eine Reihe von niedermolekularen Arzneimitteln zu screenen, zu identifizieren und zu synthetisieren, die auf epigenetische Regulatoren abzielen, und um die klinische Behandlung spezifischer Krankheiten zu fördern. Diese niedermolekularen Arzneimittel sind sowohl für die Grundlagenforschung als auch für die klinische Anwendung wichtig.

Die Konvergenz zwischen Epigenetik und Mathematik und computergestützter Biologie muss vertieft werden, um systematische Analysen und Simulationen von Epigenomen und epigenetischen Regulationsnetzwerken durchzuführen und – in Kombination mit den Interaktionen mit anderen Regulationsnetzwerken in Zellen – um die Bedeutung der epigenetischen Regulation für die individuelle Entwicklung und die Reaktionen auf Umweltveränderungen aus der Perspektive der Systembiologie zu klären.

Die Konvergenz zwischen Epigenetik und Neurowissenschaften, Physiologie und Bioinformatik muss vertieft werden, um neue epigenetische Phänomene zu entdecken, neue epigenetische Regulationsmechanismen zu erforschen und das aktuelle Forschungsfeld zu erweitern.

Auf der Grundlage der wichtigen Forschungsrichtungen, die von diesem MRP unterstützt werden, rät die Forschungsgruppe, die Aufmerksamkeit und Unterstützung für die folgenden Richtungen zu erhöhen, um Chinas internationale Position in der epigenetischen Forschung kontinuierlich zu steigern.

1. Forschung zu zellulären Chromatinstrukturen höherer Ordnung, insbesondere die Analyse ihrer Zusammensetzung und ihrer dynamischen Veränderungen in den Zellen unterschiedlicher Differenzierungsstadien und verschiedener Typen: Chinas gesamtes Forschungsniveau zu Chromatinstrukturen höherer Ordnung, insbesondere die höhergeordnete Struktur von 30-nm-Chromatin, das aus Nukleosomen besteht, liegt an der Weltspitze. Die 30-nm-Chromatinstruktur ist den Berichten zufolge eine Verdrehung von sich wiederholenden tetranukleosomalen Struktureinheiten. Die Lücke zwischen solchen Einheiten bietet ein Fenster für die epigenetische Regulation, was ermöglicht, epigenetische Regulationsmechanismen zu studieren und grundlegende epigenetische Fragen zu klären. Die Stärkung der Forschung in dieser Richtung kann unsere Vorteile in diesem Bereich aufrechterhalten.

2. Ausweitung der Studien über die Mechanismen und Funktionen neu entdeckter epigenetischer Modifikationen: Unsere Wissenschaftler haben bedeutende Fortschritte bei der Entdeckung neuer epigenetischer Regulatoren gemacht, zum Beispiel der RNA-m6A-Modifikation. Der nächste Schritt ist, die Investitionen in diese Richtung zu stärken. Gleichzeitig sollten wir die Studien über die Mechanismen und Funktionen neu entdeckter epigenetischer Modifikationen, über mögliche Interaktionen zwischen DNA- und RNA-epigenetischen Modifikationen und epigenetische Regulationsmechanismen der Zelldifferenzierung, Gewebehomöostase, Organentwicklung und Regeneration fördern. Wir sollten auch neue Modellorganismen entwickeln und die Regulationsmechanismen von epigenetischen Faktoren für Genomstabilität und biologische Merkmale aus der Sicht der Evolution der Arten erforschen.
3. Entwicklung neuer Technologien, Theorien und Methoden: Es wird vorgeschlagen, Epigenom-Editing-Technologien und eine Technologie zur Messung der epigenetischen Information des epigenetischen Transkriptoms in einer einzigen Zelle („single-cell epigenetic information measurement technology of epigenetic transcriptomes“) zu entwickeln und zu optimieren, die bioinformatischen Algorithmen von epigenetischen Netzwerken zu erweitern und die Untersuchung der Netzwerkinteraktionen zwischen Epigenomik und Transkriptomik auf der Einzelzellebene zu untersuchen. Wir sollten die Forschung über die pathogenen Mechanismen der epigenetischen Regulation in relevanten Hauptkrankheiten stärken und die interdisziplinäre Zusammenarbeit mit der klinischen Medizin verbessern.
4. Forschung über die dynamischen Einflüsse von OSKM und anderen Pluripotenzfaktoren auf die Zellepigenomik und -transkriptomik auf der Einzelzellebene während der menschlichen Zellreprogrammierung: Wir sollten die Effizienz der Zellreprogrammierung, die Qualität der reprogrammierten Zellen und die Stabilität und Homogenität des Reprogrammierungssystems verbessern, um die Grundlage für regenerative Medizin auf Basis von Zellreprogrammierung und für die klinische Anwendung von iPSC und transdifferenzierten Zellen zu legen.
5. Erforschung der epigenetischen Reaktionen und der Erinnerung von Umweltsignalen zur Erforschung der Mechanismen: Die epigenetischen Systeme in Organismen können Zellen mit dem gleichen Genom dazu bringen, verschiedene Epigenome und Transkriptome in verschiedenen Umweltbedingungen zu präsentieren, um sich in unterschiedliche Morphologien mit divergenten Funktionen zu differenzieren. Es wurde festgestellt, dass Histon-Modifikationen vererbbar sind und der Rückkopplungsregulation („feedback regulation“) durch epigenetische Modifizierungsenzyme unterliegen, was auf das Vorhandensein von epigenetischen Reaktions- und Gedächtnissystemen in Organismen hindeutet. Allerdings wissen wir nicht viel über sie.

Literatur

Andrews FH, Strahl BD, Kutateladze TG (2016) Insights into newly discovered marks and readers of epigenetic information. Nat Chem Biol 12(9):662–668

Chen J, Chen X, Li M et al (2016a) Hierarchical Oct4 binding in concert with primed epigenetic rearrangements during somatic cell reprogramming. Cell Rep 14(6):1540–1554

Chen K, Zhang J, Guo Z et al (2016b) Loss of 5-hydroxymethylcytosine is linked to gene body hypermethylation in kidney cancer. Cell Res 26(1):103–118

Chen P, Zhao J, Wang Y et al (2013) H3.3 actively marks enhancers and primes gene transcription via opening higher-ordered chromatin. Genes Dev 27(19):2109–2124

Chen T, Hao Y, Zhang Y et al (2015a) M(6)A RNA methylation is regulated by microRNAs and promotes reprogramming to pluripotency. Cell Stem Cell 16(3):289–301

Chen X, Tang S, Zheng JS et al (2015b) Chemical synthesis of a two-photon-activatable chemokine and photon-guided lymphocyte migration in vivo. Nat Commun 6:7220

Chen X, Zhang K, Zhou L et al (2016c) Coupled electrophysiological recording and single cell transcriptome analyses revealed molecular mechanisms underlying neuronal maturation. Protein Cell 7(3):175–186

Chen Y, Yu J, Niu Y et al (2017) Modeling rett syndrome using TALEN-edited MECP2 mutant cynomolgus monkeys. Cell 169(5):945–955

Cheng J, Yang H, Fang J et al (2015) Molecular mechanism for USP7-mediated DNMT1 stabilization by acetylation. Nat Commun 6:7023

Cramer P (2014) A tale of chromatin and transcription in 100 structures. Cell 159(5):985–994

Dutta A, Abmayr SM, Workman JL (2016) Diverse activities of histone acylations connect metabolism to chromatin function. Mol Cell 63(4):547–552

Fang J, Cheng J, Wang J et al (2016) Hemi-methylated DNA opens a closed conformation of UHRF1 to facilitate its histone recognition. Nat Commun 7:11197

Feng G, Tong M, Xia B et al (2016) Ubiquitously expressed genes participate in cell-specific functions via alternative promoter usage. EMBO Rep 17(9):1304–1313

Gao J, Zhu Y, Zhou W et al (2012) NAP1 family histone chaperones are required for somatic homologous recombination in Arabidopsis. Plant Cell 24(4):1437–1447

Guo X, Wang L, Li J et al (2015) Structural insight into autoinhibition and histone H3-induced activation of DNMT3A. Nature 517(7536):640–644

Hu H, Liu Y, Wang M et al (2011) Structure of a CENP-A-histone H4 heterodimer in complex with chaperone HJURP. Genes Dev 25(9):901–906

Hu L, Lu J, Cheng J et al (2015) Structural insight into substrate preference for TET-mediated oxidation. Nature 527(7576):118–122

G. Pei (Hrsg.), *Epigenetische Mechanismen der Zellprogrammierung und Zellreprogrammierung*, https://doi.org/10.1007/978-3-662-69311-7

Huang C, Xiang Y, Wang Y et al (2010) Dual-specificity histone demethylase KIAA1718 (KDM7A) regulates neural differentiation through FGF4. Cell Res 20(2):154–165

Huang P, He Z, Ji S et al (2011) Induction of functional hepatocyte-like cells from mouse fibroblasts by defined factors. Nature 475(7356):386–389

Jia Y, Li P, Fang L et al (2016) Negative regulation of DNMT3A de novo DNA methylation by frequently overexpressed UHRF family proteins as a mechanism for wide-spread DNA hypomethylation in cancer. Cell Discov 2:16007

Jiang L, Zhang J, Wang J et al (2013) Sperm, but not oocyte, DNA methylome is inherited by zebrafish early embryos. Cell 153(4):773–784

Li W, Chen P, Yu J et al (2016a) FACT remodels the tetranucleosomal unit of chromatin fibers for gene transcription. Mol Cell 64(1):120–133

Li W, Shuai L, Wan H et al (2012a) Androgenetic haploid embryonic stem cells produce live transgenic mice. Nature 490(7420):407–411

LiX CXL, Wang JQ et al (2016) Generation and application of mouse-rat allodiploid embryonic stem cells. Cell 164(1–2):279–292

Li X, Liu L, Yang S et al (2014a) Histone demethylase KDM5B is a key regulator of genome stability. Proc Natl Acad Sci USA 111(19):7096–7101

Li X, Xu Z, Du W et al (2014b) Aiolos promotes anchorage independence by silencing p66Shc transcription in cancer cells. Cancer Cell 25(5):575–589

Li Y, Sabari BR, Panchenko T et al (2016b) Molecular coupling of histone crotonylation and active transcription by AF9 YEATS domain. Mol Cell 62(2):181–193

Li Z, Fei T, Zhang J et al (2012b) BMP4 signaling acts via dual-specificity phosphatase 9 to control ERK activity in mouse embryonic stem cells. Cell Stem Cell 10(2):171–182

Li L, Song L, Liu C et al (2015) Ectodermal progenitors derived from epiblast stem cells by inhibition of Nodal signaling. J Mol Cell Biol 7(5):455–465

Lin H, Wang Y, Wang Y et al (2010) Coordinated regulation of active and repressive histone methylations by a dual-specificity histone demethylase ceKDM7A from Caenorhabditis elegans. Cell Res 20(8):899–907

Liu CP, Xiong C, Wang M et al (2012) Structure of the variant histone H3.3-H4 heterodimer in complex with its chaperone DAXX. Nat Struct Mol Biol 19(12):1287−1292

Liu H, Chen Y, Niu Y et al (2014) TALEN-mediated gene mutagenesis in rhesus and cynomolgus monkeys. Cell Stem Cell 14(3):323–328

Liu P, Dou X, Liu C et al (2015) Histone deacetylation promotes mouse neural induction by restricting nodal-dependent mesendoderm fate. Nat Commun 6:6830

Liu X, Gao Q, Li P et al (2013) UHRF1 targets DNMT1 for DNA methylation through cooperative binding of hemi-methylated DNA and methylated H3K9. Nat Commun 4:1563

Liu X, Wang C, Liu W et al (2016) Distinct features of H3K4me3 and H3K27me3 chromatin domains in pre-implantation embryos. Nature 537(7621):558–562

Luo Y, Coskun V, Liang A et al (2015) Single-cell transcriptome analyses reveal signals to activate dormant neural stem cells. Cell 161(5):1175–1186

Ning G, Liu X, Dai M et al (2013) MicroRNA-92a upholds BMP signaling by targeting noggin3 during pharyngeal cartilage formation. Dev Cell 24(3):283–295

Qiao Y, Wang R, Yang X et al (2015a) Dual roles of histone H3 lysine 9 acetylation in human embryonic stem cell pluripotency and neural differentiation. J Biol Chem 290(4):2508–2520

Qiao Y, Wang X, Wang R et al (2015b) AF9 promotes hESC neural differentiation through recruiting TET2 to neurodevelopmental gene loci for methylcytosine hydroxylation. Cell Discov 1:15017

Shen H, Xu W, Guo R et al (2016) Suppression of enhancer overactivation by a RACK7-histone demethylase complex. Cell 165(2):331–342

Sheng C, Zheng Q, Wu J et al (2012) Generation of dopaminergic neurons directly from mouse fibroblasts and fibroblast-derived neural progenitors. Cell Res 22(4):769–772

Shi L, Wang J, Hong F, et al (2011) Four amino acids guide the assembly or disassembly of Arabidopsis histone H3.3-containing nucleosomes. Proc Natl Acad Sci USA 108(26):1057–10578

Shi XL, Gao Y, Yan Y et al (2016) Improved survival of porcine acute liver failure by a bioartificial liver device implanted with induced human functional hepatocytes. Cell Res 26(2):206–216

Shu J, Zhang K, Zhang M et al (2015) GATA family members as inducers for cellular reprogramming to pluripotency. Cell Res 25(2):169–180

Shuai L, Wang Y, Dong M et al (2015) Durable pluripotency and haploidy in epiblast stem cells derived from haploid embryonic stem cells in vitro. J Mol Cell Biol 7(4):326–337

Song F, Chen P, Sun D et al (2014) Cryo-EM study of the chromatin fiber reveals a double helix twisted by tetranucleosomal units. Science 344(6182):376–380

Tan M, Luo H, Lee S et al (2011) Identification of 67 histone marks and histone lysine crotonylation as a new type of histone modification. Cell 146(6):1016–1028

Venkatesh S, Workman JL (2015) Histone exchange, chromatin structure and the regulation of transcription. Nat Rev Mol Cell Biol 16(3):178–189

Wang L, Zhang J, Duan J et al (2014a) Programming and inheritance of parental DNA methylomes in mammals. Cell 157(4):979–991

Wang Q, Ma S, Song N et al (2016) Stabilization of histone demethylase PHF8 by USP7 promotes breast carcinogenesis. J Clin Invest 126(6):2205–2220

Wang T, Sha H, Ji D et al (2014b) Polar body genome transfer for preventing the trans-mission of inherited mitochondrial diseases. Cell 157(7):1591–1604

Wu Y, Liang D, Wang Y et al (2013) Correction of a genetic disease in mouse via use of CRISPRCas9. Cell Stem Cell 13(6):659–662

Wu Y, Zhou H, Fan X et al (2015) Correction of a genetic disease by CRISPR-Cas9-mediated gene editing in mouse spermatogonial stem cells. Cell Res 25(1):67–79

Xiang H, Zhu J, Chen Q et al (2010) Single base-resolution methylome of the silkworm reveals a sparse epigenomic map. Nat Biotechnol 28(5):516–520

Xiong J, Zhang Z, Chen J et al (2016a) Cooperative action between SALL4A and TET proteins in stepwise oxidation of 5-methylcytosine. Mol Cell 64(5):913–925

Xiong X, Panchenko T, Yang S et al (2016b) Selective recognition of histone crotonylation by double PHD fingers of MOZ and DPF2. Nat Chem Biol 12(12):1111–1118

Xu Z, Song Z, Li G et al (2016) H2B ubiquitination regulates meiotic recombination by promoting chromatin relaxation. Nucleic Acids Res 44(20):9681–9697

Yang Y, Hu L, Wang P et al (2010) Structural insights into a dual-specificity histone demethylase ceKDM7A from *Caenorhabditis elegans*. Cell Res 20(8):886–898

Zhao Y, Yang J, Liao W et al (2010) Cytosolic FoxO1 is essential for the induction of autophagy and tumour suppressor activity. Nat Cell Biol 12(7):665–675

Yu L, Wang Y, Huang S et al (2010) Structural insights into a novel histone demethylase PHF8. Cell Res 20(2):166–173

Yu Z, Zhou X, Wang W et al (2015) Dynamic phosphorylation of CENP-A at Ser68 orchestrates its cell-cycle-dependent deposition at centromeres. Dev Cell 32(1):68–81

Zhang B, Zheng H, Huang B et al (2016) Allelic reprogramming of the histone modification H3K4me3 in early mammalian development. Nature 537(7621):553–557

Zhang G, Huang H, Liu D et al (2015) N6-methyladenine DNA modification in drosophila. Cell 161(4):893–906

Zhao D, Guan H, Zhao S et al (2016a) YEATS2 is a selective histone crotonylation reader. Cell Res 26(5):629–632

Zhao J, Lin Q, Kim KJ et al (2015a) Ngn1 inhibits astrogliogenesis through induction of miR-9 during neuronal fate specification. Elife 4:e06885

Zhao Q, Zhang J, Chen R et al (2016b) Dissecting the precise role of H3K9 methylation in crosstalk with DNA maintenance methylation in mammals. Nat Commun 7:12464

Zhao Y, Yang J, Liao W et al (2010) Cytosolic FoxO1 is essential for the induction of autophagy and tumour suppressor activity. Nat Cell Biol 12(7):665–675

Zhao Y, Zhao T, Guan J et al (2015b) A XEN-like state bridges somatic cells to pluripotency during chemical reprogramming. Cell 163(7):1678–1691

Zheng Y, Zhang H, Wang Y et al (2016) Loss of Dnmt3b accelerates MLL-AF9 Leukemia progression. Leukemia 30(12):2373–2384

Zhong C, Yin Q, Xie Z et al (2015) CRISPR-Cas9-mediated genetic screening in mice with haploid embryonic stem cells carrying a guide RNA library. Cell Stem Cell 17(2):221–232

Zhong C, Zhang M, Yin Q et al (2016) Generation of human haploid embryonic stem cells from parthenogenetic embryos obtained by microsurgical removal of male pronucleus. Cell Res 26(6):743–746

Zhu Z, Li C, Zeng Y et al (2017) PHB associates with the HIRA complex to control an epigenetic-metabolic circuit in human ESCs. Cell Stem Cell 20(2):274–289 e277

Zhu Z, Wang Y, Li X et al (2010) PHF8 is a histone H3K9me2 demethylase regulating rRNA synthesis. Cell Res 20(7):794–801

Stichwortverzeichnis

G. Pei (Hrsg.), *Epigenetische Mechanismen der Zellprogrammierung und Zellreprogrammierung,* https://doi.org/10.1007/978-3-662-69311-7

MIX
Papier aus verantwortungsvollen Quellen
Paper from responsible sources
FSC® C105338

If you have any concerns about our products,
you can contact us on
ProductSafety@springernature.com

In case Publisher is established outside the EU,
the EU authorized representative is:
Springer Nature Customer Service Center GmbH
Europaplatz 3, 69115 Heidelberg, Germany

Printed by Libri Plureos GmbH
in Hamburg, Germany